光合成細菌
採る・増やす・とことん使う

農業、医療、健康から除染まで

佐々木健・佐々木慧 著

農文協

光合成細菌が世界を変える時代がやってきた

約30億年前、それまで地球上にほとんど酸素がなかった時代に、地上に初めて光をエネルギーとして利用できる能力を獲得したのが、これからお話しする「光合成細菌」という微生物です。

作物生産において欠かせない「光合成」という冠をいただいたこの光合成細菌は、池や田や土など、私たちの身の回りの自然のなかにはどこにでもいる細菌で、自然界の浄化や、炭素、窒素、硫黄分などの自然循環になくてはならない微生物なのですが、意外なことにその素顔はこれまであまり知られていませんでした。

ところが、自然環境のなかでひっそりと生き続けてきた光合成細菌が、この半世紀の間に、排水処理施設に、畜産や養魚の飼料に、さらには農業生産、医療品や健康食品、近年では福島の原子力発電所事故による放射能汚染の除染にも大きな力を発揮することが明らかになってきました。主に光合成のメカニズムを解明する学術研究用素材としてしか扱われてこなかった光合成細菌が、今、世界を大きく変えようとしているのです。

一つめの転機は、1970年代、京都大学の小林達治博士や東京都立大学の北村博博士らによる、「光合成細菌による有機性排水浄化と再資源化」というテーマの実用的研究が始められたことでした。これは、光合成細菌を応用して、し尿、豚糞尿、食品排水処理を行ない、副生する菌体（バイオマス）を、クロレラと同じように、動物のエサや農業用の肥料に再利用するという、まさに現在のバイオリサイクルの研究に相当する、画期的な実用的研究でした。開発されたコンパクトで新しい光合成細菌排水処理場は、当時、我が国でも100基以上建設されました。

もう一つの大きな転機が、光合成細菌が人の健康や作物生産にとっての有用な物質を効率的に生産することがわかり、新しい健康食品や医療品に利用するための大量生産に光合成細菌が利用

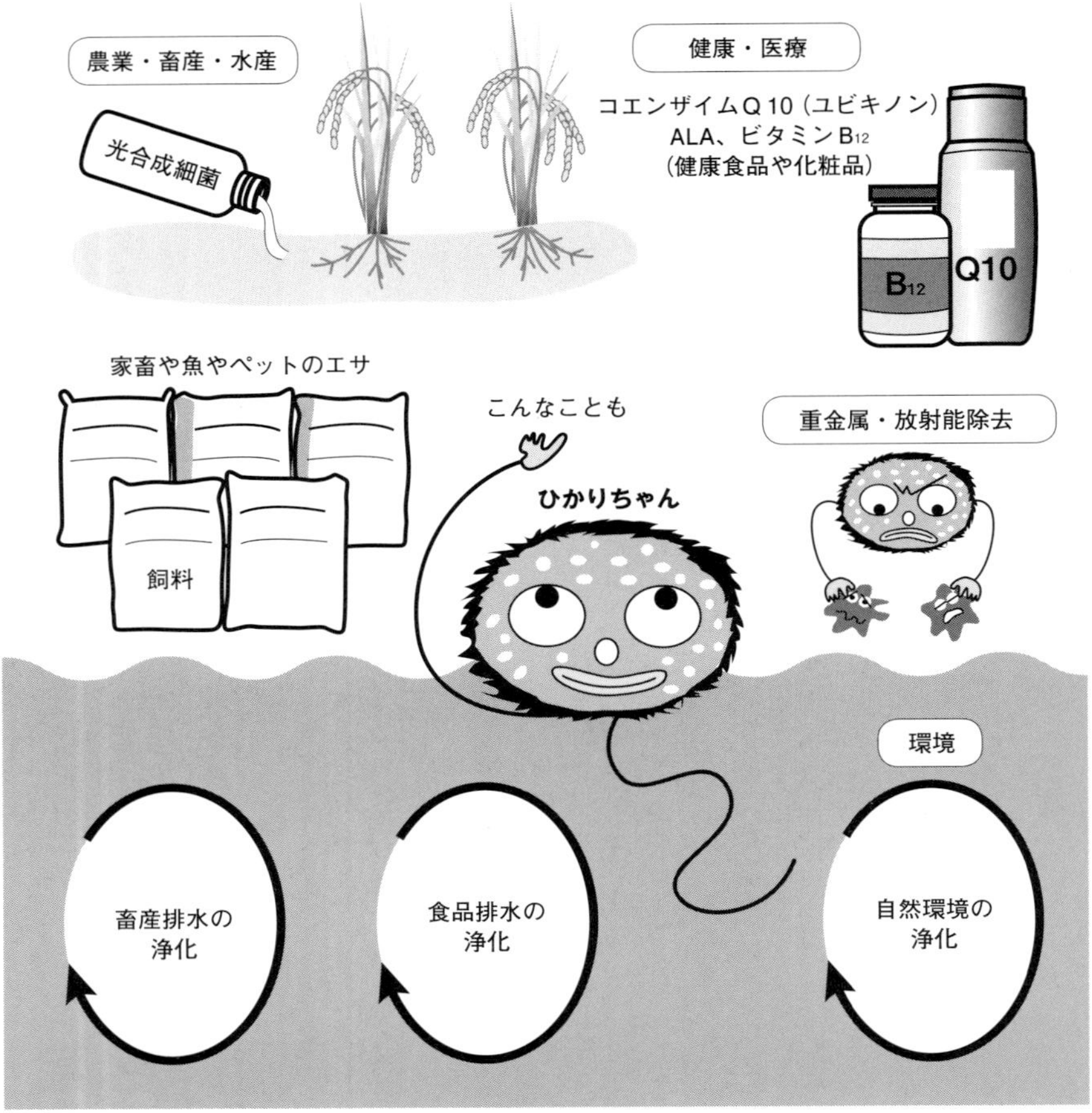

されるようになったことです。1980年代には、光合成細菌を用いてユビキノン（コエンザイムQ10：CoQ10）の生産が始まるなど、工業への利用の機運が高まりました。

ユビキノンとかコエンザイムQ10という言葉はお聞きになった方も多いと思います。これは、生物の生命を維持する電子伝達系で重要な役割を果たしている物質で、医療分野では治療薬として使われている高価な薬です。1980年代の終わりには、私たちの研究チームがこれらの物質を、光合成細菌を用いて大量生産する基礎技術を開発しました。さらに我々が開発し、コスモ石油で実用化された「ＡＬＡ」〝アラちゃん〟は、まったく新しい、安全な植物成長促進物質として、今では、耐寒性、耐塩性、耐ストレス性などを有する農業資材ばかりでなく、抗がん剤やがん検出薬などの医薬品としても世界中で販売されています。光合成細菌が、医療や農業を変えつつあります。

さらに私たちは、光合成細菌の性質をとことん利用して、福島の放射能汚染土壌の除染と、安心安全野菜の栽培成功にまで利用範囲を広げており、光合成細菌は近年新たな展開を見せ始めています。私たちが光合成細菌の研究に本格的に着手した40年前には考えられなかったことです。

これまでの研究で、光合成細菌が世界および人間の生活を変える可能性が少しずつ明らかになりつつあります。

この本は、まだまだなじみのうすい光合成細菌の、自然のなかからの採取・分離・培養技術、初歩から高度なハイテク技術への応用まで、光合成細菌に命をかけてきた技術者が、イラスト込みでわかりやすく解説しようと挑戦したものです。

農業に光合成細菌を利用したい、地球にやさしい農業をしたい、畜産、水産をよりよいものにしたい、環境浄化にも少しでも役に立てたい、光合成細菌をもっと知りたい、光合成細菌で健康になりたい、美肌で美しく、アンチエージングもしたいなど、多くの人が本書をもとに活用できることを願っています。さらに、光合成細菌の利用が、世界での農業や畜産、水産、医療、環境問題など、ヒトと環境が抱える多くの課題の解決に向けて、より一層発展することを期待しています。

平成二十七年十一月

著　者

◆目　次

1章　光合成細菌の素顔

2章　誰でもできる　光合成細菌を採る、増やす（初級編）

3章　本格的に光合成細菌を採る、増やす（上級編）

4章 生育促進、健全育成、良食味の手助け
――光合成細菌の農業、畜産、水産への利用

5章 環境浄化への利用――汚れのひどい排水・油・ヘドロ・重金属処理まで

6章 健康食品、医薬品、健康飼料づくりに
―光合成細菌の食品、健康への利用

種菌を採る

（本文 38 〜 41 ページ参照）

田んぼの土にはたくさんの光合成細菌がすんでいます。また、生活排水が流れ込んでいる川岸のヘドロや、ため池のたまり水の中にもたくさんいます。光合成細菌の種菌採取は、そんな場所から！　田んぼでは5〜6月がベストの季節です。

学生たちと一緒に種菌採り（田植の時）

川岸のヘドロ

田んぼの土（ヘドロ）

ため池のたまり水

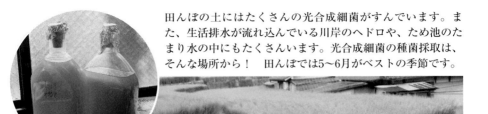

トルとコンテナで増やす

(本文38〜44ページ参照)

鍋で湯を沸かし70〜80℃になったところで、培地を入れたペットボトルを沈めて、1〜2時間加熱しながら殺菌

培養を始めて2〜3日は、乳酸菌やバシラスや雑菌の繁殖で、液は白〜黄色っぽい

小型ペットボトルで種菌培養

準備するもの

透明ペットボトル
200㎖または500㎖
鍋
土採取用匙
水槽
白熱灯（40〜60W）
エアーポンプ
AP培地材料（39ページ参照）

培地の殺菌

70〜80℃のお湯で培地を殺菌（1〜2時間）

菌の接種と種菌培養

田んぼの土や池のヘドロ約5〜10gを殺菌した培地に接種。よくかき混ぜて水槽に入れて培養する
水温　25〜30℃
白熱灯照射

1〜2週間すると、液は真っ赤に!

初級編　鍋で殺菌、ペットボ

2ℓのペットボトルで拡大培養

培地つくりと殺菌は、小型ペットボトルと同じ。種菌培養でできた真っ赤な培養液を、培地を入れた2ℓのペットボトルに満たして培養

水温　25～30℃

白熱灯照射

コンテナで大量培養

培地の殺菌がむずかしいので、水道水で溶かす

コンテナ培養のコツ

①培地は水道水で溶かす
②培地ができたらすぐに種菌接種
③種菌の接種量を増やす
④光照射と通気を同時に
⑤夜は蛍光灯と白熱灯照射
⑥液温25～35℃を維持

コンテナ培養では種菌を多めに入れる!

にして分離する

（本文 47 ～ 51 ページ参照）

手　順

集積培養

いろんな種類の細菌を含んでいるヘドロ（土）から、光合成細菌を優占させるための培養

↓

分離作業

集積培養で優占させた細菌をシャーレに接種し、光合成細菌を分離する作業

↓

拡大培養

分離した光合成細菌を、使用するために大量に増殖させる培養

殺菌した培地に採取した土を接種

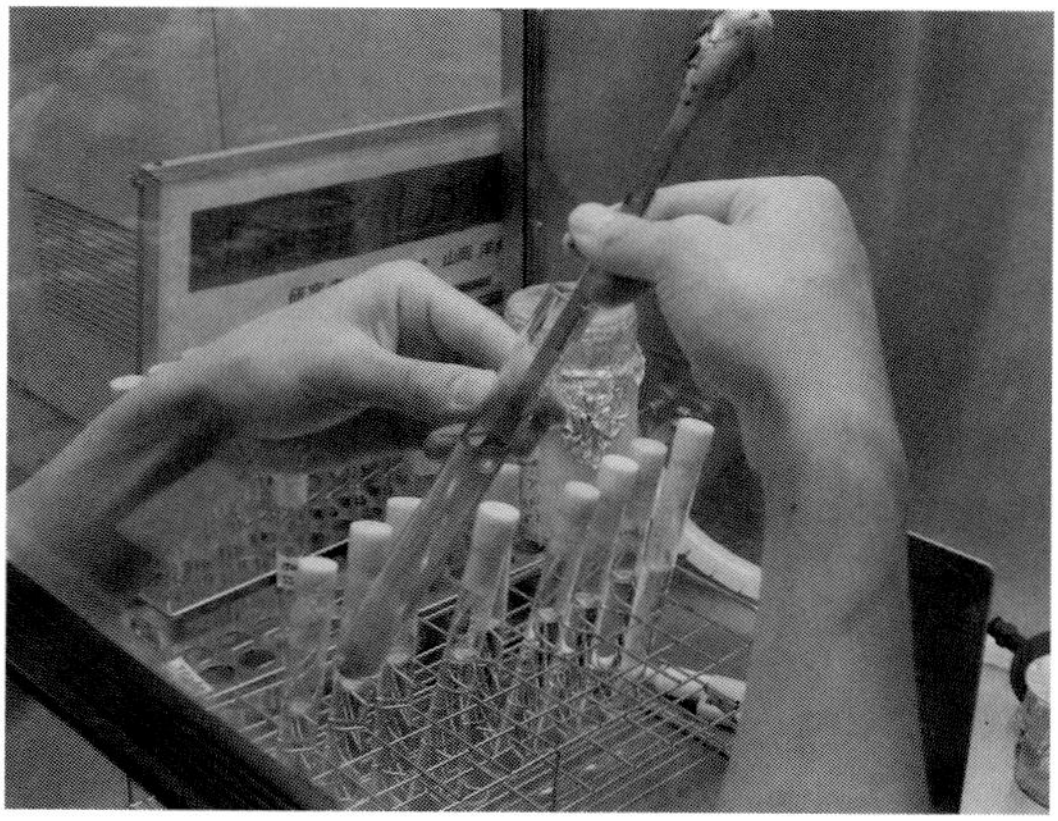

集積培養

光を照射し、扇風機で風を送って温度上昇に注意！

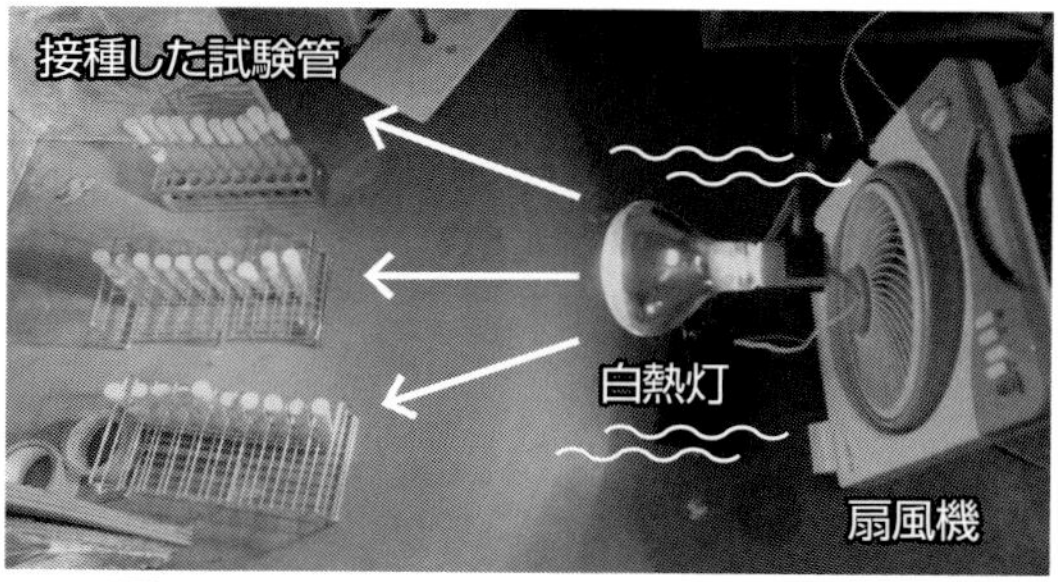

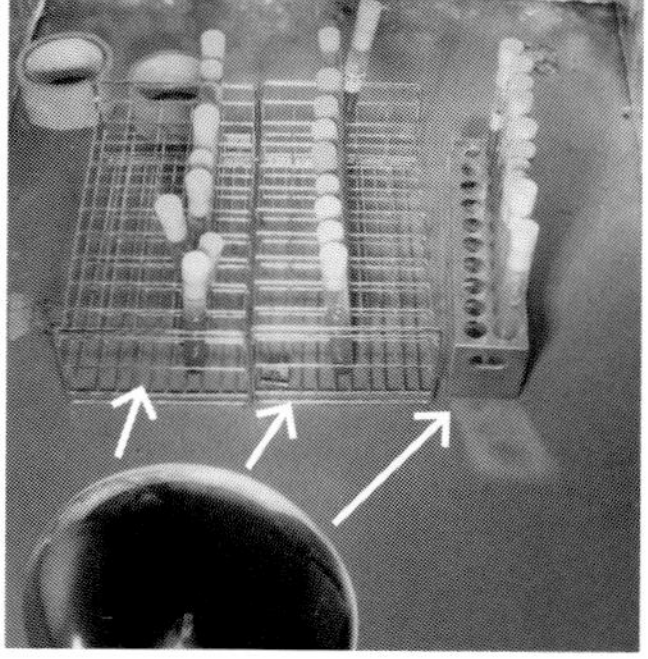

しだいに赤色を帯びてくる（約 1 週間）

集積培養終了。
1～2週間で赤く色づいてきた

上級編① 光合成細菌を優勢

分離作業

集積培養した液から菌を採取し、光を当てながら嫌気状態で培養する。条件がいいと3～5日でプレート上に白やクリーム状の黄色のコロニーに混じって、赤色のコロニーが見える。

赤色のコロニーをかき取って何回も培養をくり返し、より純粋な光合成細菌を取り出す

集積培養で赤くなった液を白金耳で採取

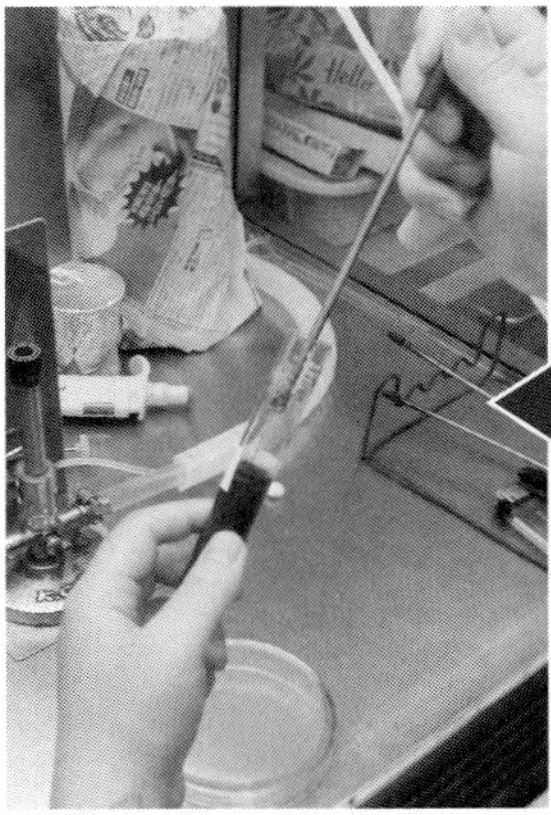

白金耳を加熱殺菌

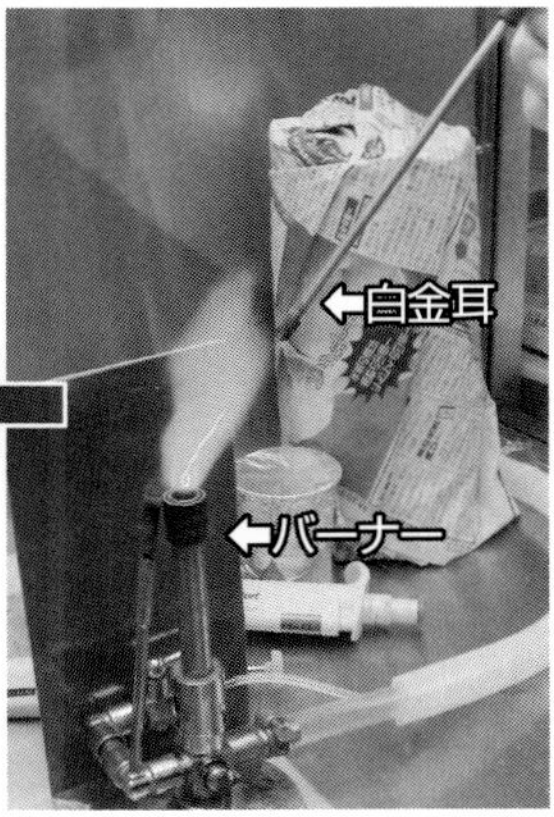

GM寒天プレート上に、白金耳で培養液を塗る

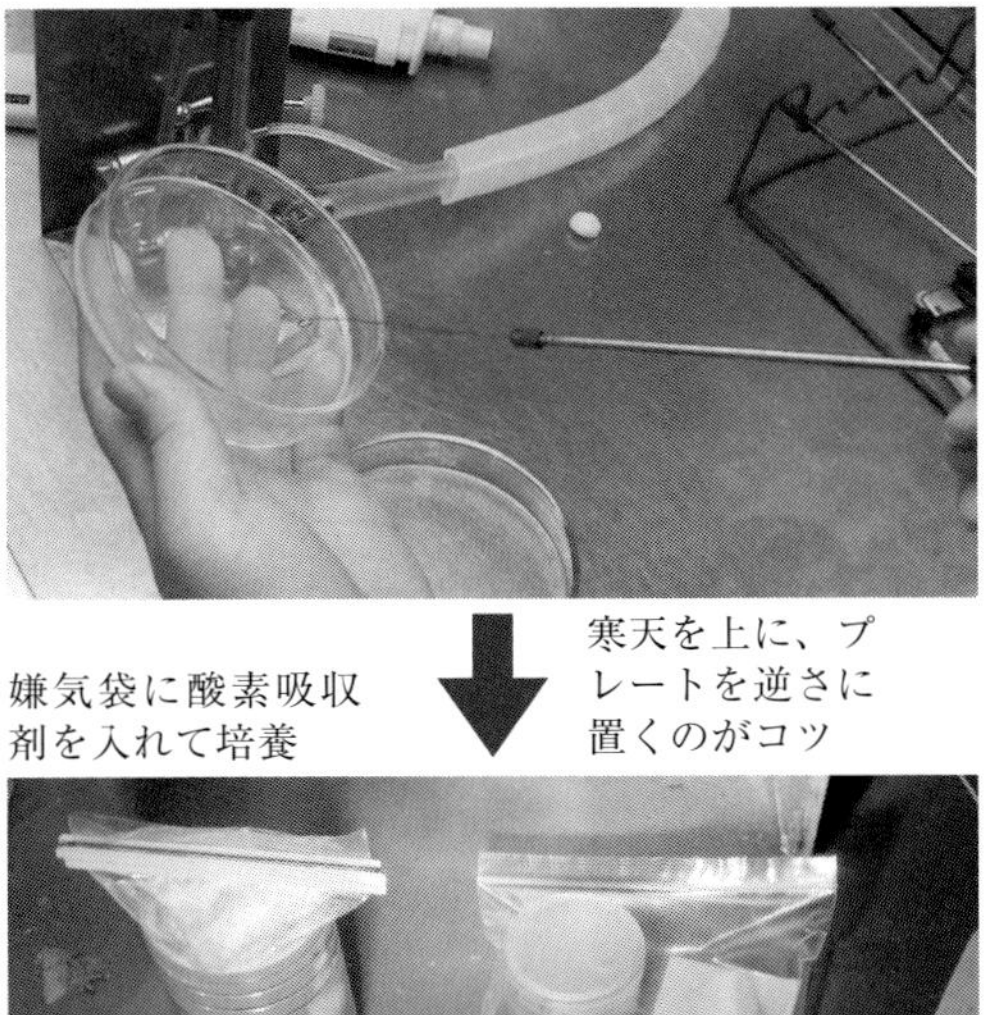

嫌気袋に酸素吸収剤を入れて培養

寒天を上に、プレートを逆さに置くのがコツ

プレート培養のくり返し

プレート上の赤色のコロニーを白金耳でかき取り、新しいプレートで培養

上のほうに、うっすら赤のコロニー

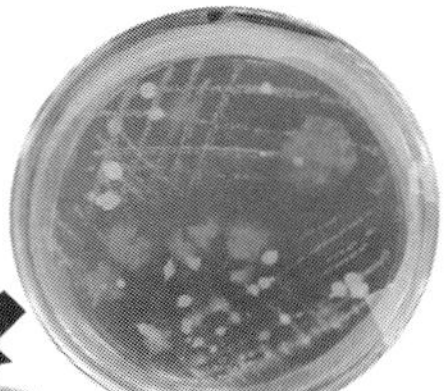

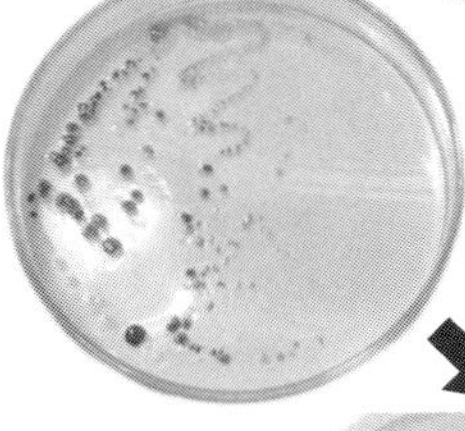

赤のコロニーが拡大

ほとんど真っ赤に

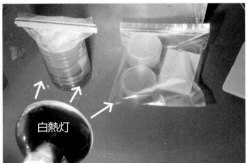

上級編② 分離した菌の拡大培養

（本文51～53ページ参照）

前培養

拡大および大量培養に入る前に、保存しておいた種菌を増殖させる作業。
殺菌した培地に種菌を接種して増やす

暗・好気培養
（振とう培養）

大量培養

前培養で増やした菌を、1～2本のルー式培養ビンで増やす作業（拡大培養）。拡大培養液を、20～40本のルー式培養ビンに接種して大量培養する。手軽に行なうにはコンテナなどを利用して、光を照射しながら嫌気条件で行なうのが一般的。写真は実験などに用いる場合の方法

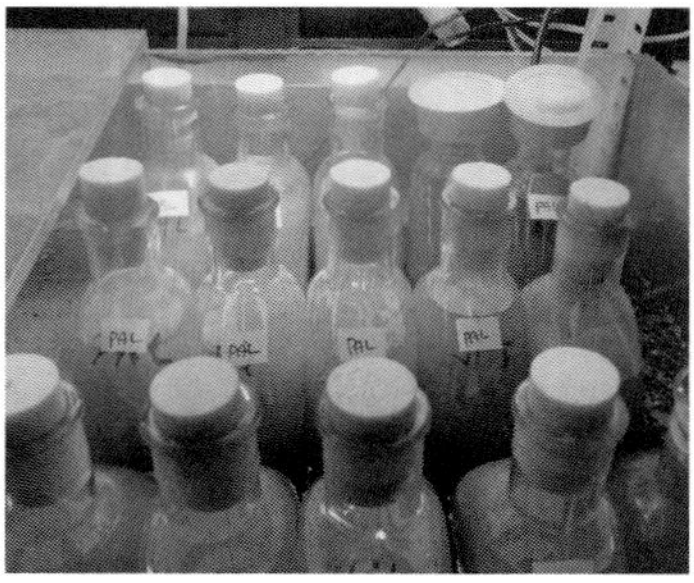

ルー式培養ビンによる大量培養
（明・嫌気条件）

固定化光合成細菌つくり①

（本文 58 ～ 59 ページ参照）

光合成細菌利用の弱点は、散布すると流れてしまい、効果が持続しないこと。
そこで開発したのが、光合成細菌をアルギン酸や寒天などで固めて利用する方法

←アルギン酸で固めてイクラ状（大きめ）のビーズにした固定化光合成細菌。網などに入れて使用する

遠心分離機で菌体を集める

培養液に入っている菌体を、遠心分離機にかけて、上澄みと菌体とに分離する

遠心分離機

固定化光合成細菌つくり②

アルギン酸利用

（本文 58 〜 60 ページ参照）

遠心分離で沈殿した菌体粘液とアルギン酸を混合

←塩化カルシウム液に、注射器に入れた菌とアルギン酸混合液をポトポトと滴下。
液中の塊が固定化光合成細菌

→ペリスタ（チューブ）ポンプで、菌体を連続滴下。イクラ状の塊が、アルギン酸で固定化された光合成細菌

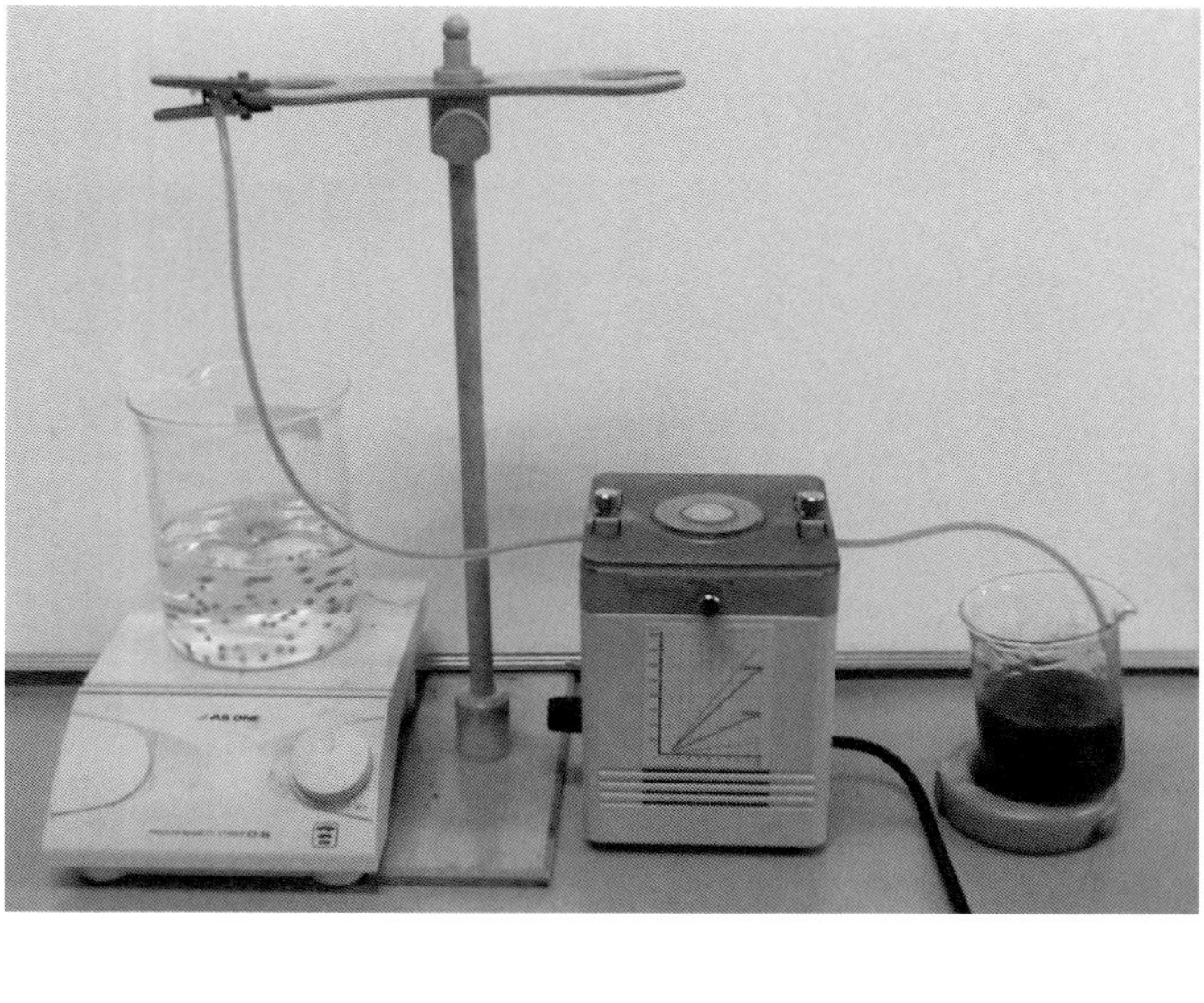

固定化光合成細菌つくり③

寒天利用

（本文 60 ～ 61 ページ参照）

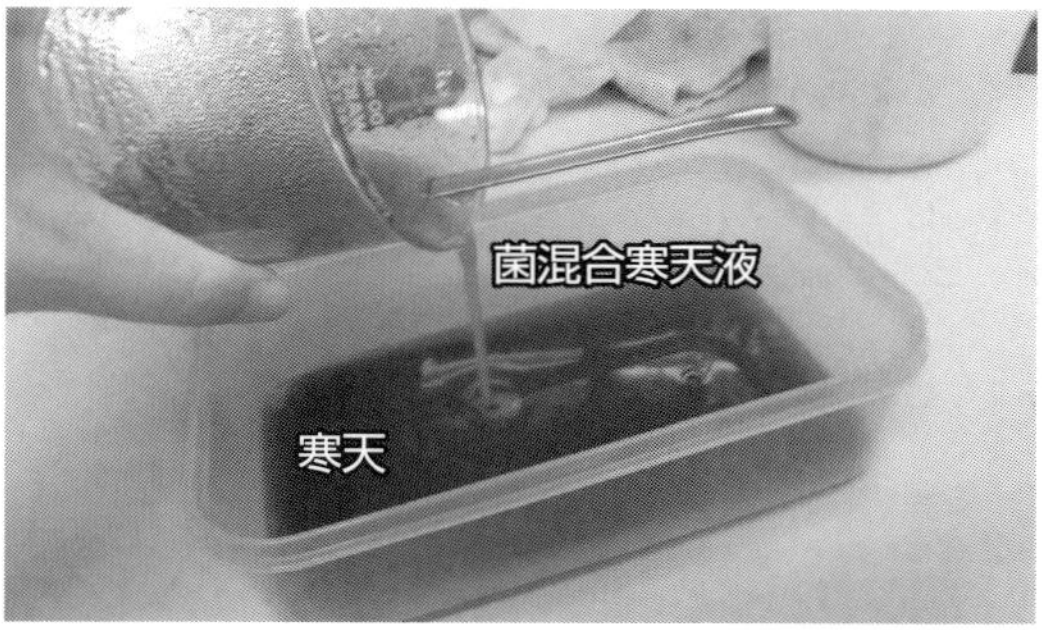

食品の寒天に光合成細菌を固定化する方法。
寒天の温度が45～50℃の間に一気につくるのがポイント

寒天固定化光合成細菌

アルギン酸で固定化したものより長持ちする（現場で使用時）

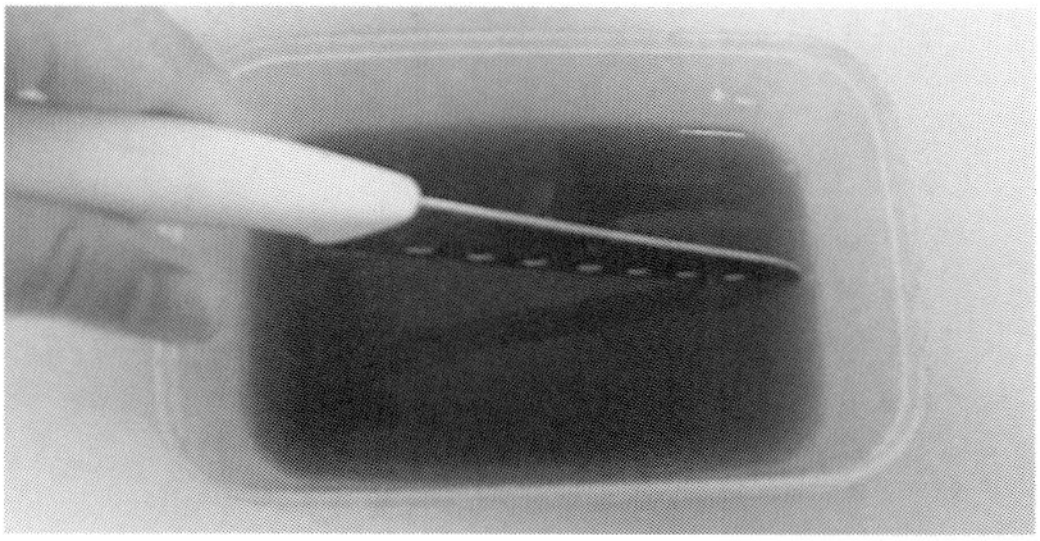

カッターナイフで希望の大きさにカット。1～2㎝角がいい

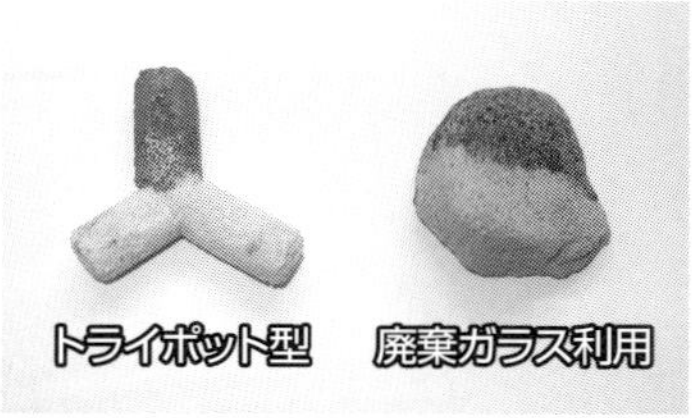

回収型多孔質セラミックに光合成細菌を固定

多孔質セラミックに、光合成細菌を固定化したもの。鉄をコーティングして磁石で回収できるようになっている。左の女性が手に持っているのが、光合成細菌を固定化した多孔質セラミック。

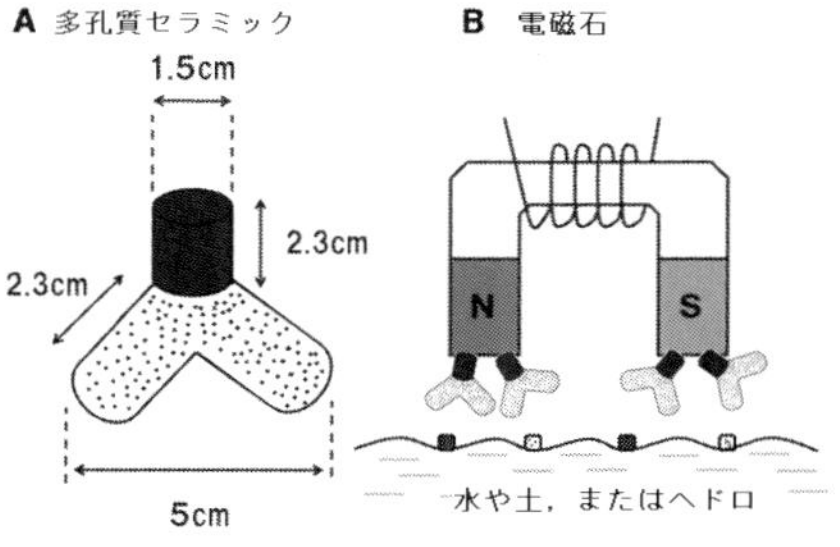

放射能除染への利用

（本文 120 ～ 128 ページ参照）

汚染土壌の除染

光合成細菌SSI株を固定化した大きめのビーズで除染

↓約4万Bq/kgまでの汚染土壌であれば、光合成細菌の処理で、食品として許容される50Bq/kg以下の野菜が栽培できる

除染作業に取り組む学生たち

小松菜とチンゲン菜での実験

学校プールの除染

固定化光合成細菌ビーズを、プールの水やヘドロに投入

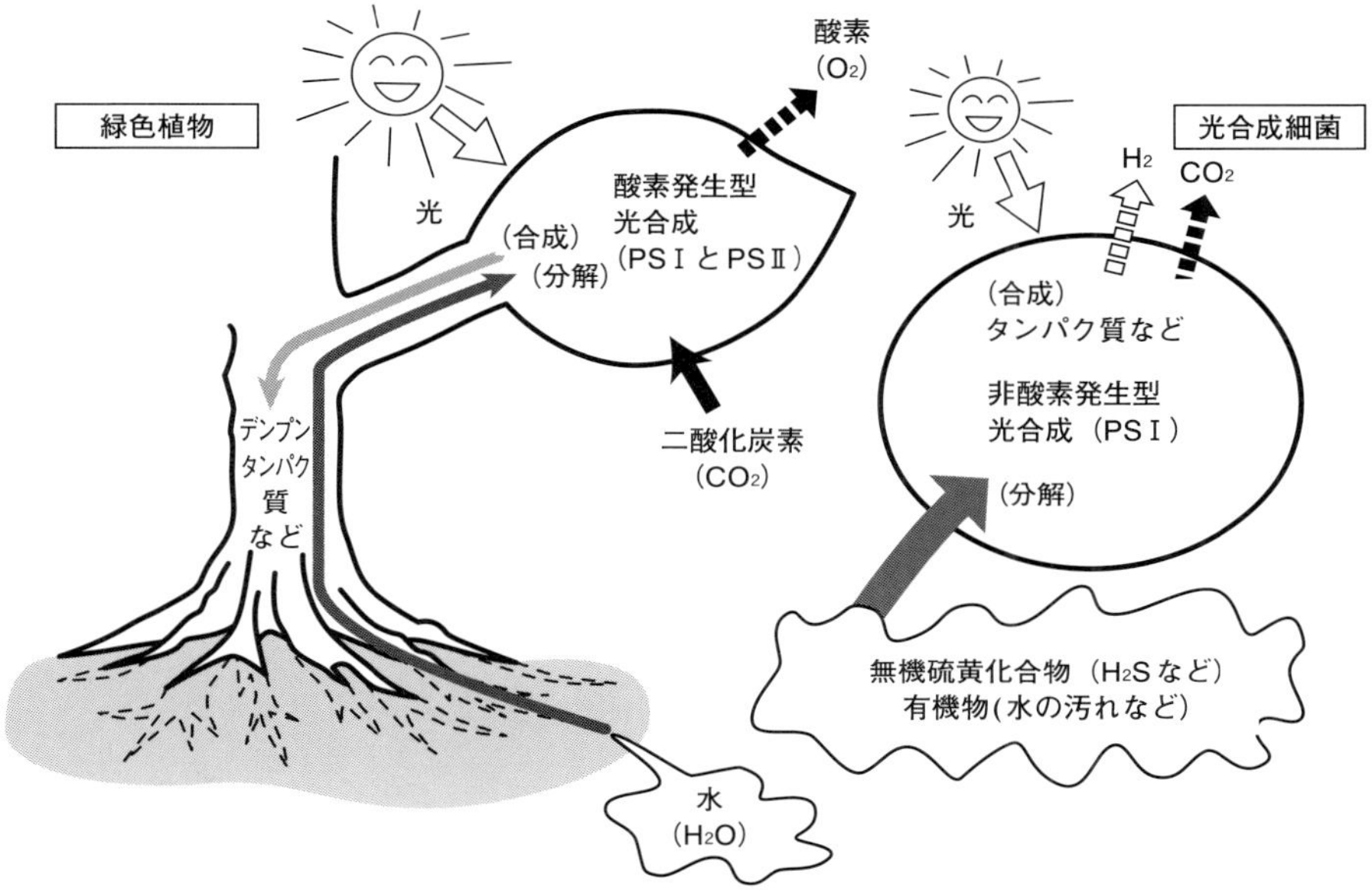

図１－２　緑色植物（緑藻を含む）と光合成細菌の光合成の違い（模式図）

(1) 光合成細菌と緑色植物の「光合成」の違い

光合成細菌の「光合成」と、緑色植物の「光合成」とは何が違うのか、そのことから話を始めましょう。

太陽の光エネルギーを利用するのは、緑色植物も光合成細菌も同じです。しかし、そこから先が異なります。図１―２の模式図のように、緑色植物の光合成は光のエネルギーによって水を分解し、酸素を発生して生育エネルギーを得ると同時に、二酸化炭素の固定を行なって有機物（デンプンやタンパク質など）を合成する仕組みです。酸素を発生することから、こうした光合成の仕組みは「酸素発生型光合成（ＰＳⅠとＰＳⅡ）」と呼ばれています。

一方、光合成細菌が行なう「光合成」は、光のエネルギーで水を分解するのではなく、無機の硫黄化合物や有機物を分解することによって生体エネルギーを獲得するシステムです。そのため、水を分解し酸素を発生させること（ＰＳⅡ）ができません。この光合成は原始的な光合成で、「非酸素発生型光合成（ＰＳⅠ）」と呼ばれています。

酸素を発生しない光合成細菌の光合成、酸素を発生する緑色植物の光合成、それが大きな違いです。

ここでは、光合成細菌の「非酸素発生型」、緑色植物の「酸素発生型」と、単純に二つに分けて紹介しましたが、実際には、緑色植物は「酸素発生型」と「非酸素発生型」とを併せ持ち、連携して光合成を行なっています。

詳しく知りたい方は、32ページに光合成の仕組みの違いを紹介しましたのでご覧ください。

光合成システムの発達・進化からみると、光合成細菌が非酸素発生型光合成機能を獲得した後、シアノバクテリア（アオコやらん藻と呼ばれる藻）に進化して、ようやく酸素を発生する植物型光合成機能（酸素発生型光合成）が完成しました。

太古の地球には酸素はほとんど存在しなかったと書きましたが、酸素発生型光合成を獲得したこのシアノバクテリアからクロレラなどの緑藻をへて今の植物に進化し、地球上には酸素がたくさん存在することになったのです。

現在、シアノバクテリアは、遺伝子に基づいた学術的分類では光合成細菌の仲間として分類されていますが、シアノバクテリアが酸素を発生し、光合成が植物型であること、またシアノバクテリアは藻に属していてサイズも大きいことから、いわゆる光合成細菌とは分けて分類することが多くなっています。この本でも、光合成細菌は酸素を発生しない細菌に限定して話を進めることにします。

(2) 酸素が増えた地球上での大変化

さて、らん藻などの光合成により大気中に酸素が存在するようになったことで、地球上には大きな変化が起こりました。

もう一度、図1—1を見てください。ほとんど酸素が存在しなかった太古の時代に生まれた光合成細菌ですが、その中から、呼吸、つまり酸素を利用できるように進化した光合成細菌が現われました。さらに進化して、もともと備えていた光合成の機能を失ったもの（呼吸のみで生きるもの）が生まれてきます。それが細胞内に核を持つ普通の真核生物には皆存在するミトコンドリアの祖先になり、古細菌に取り込まれて原始真核生物が誕生し、緑藻や植物や動物の祖先になったという説が有力です。

もともと酸素は、生物にとって猛毒を持った元素でした。それを一変させたのがミトコンドリアです。

★ミトコンドリア　光合成細菌が進化し呼吸ができるようになったものが、他の古細菌の体内に入り込み、呼吸の組織として残ったもの。真核生物の典型的な組織で、呼吸をつかさどる。
★原始真核生物　古細菌が進化してミトコンドリアをつくれるようになった、呼吸もできる原始的な生物。進化して動物、植物になったといわれる。

ミトコンドリアは細胞内で呼吸をつかさどる組織として、我々ヒトを含む多くの生き物に存在することが知られています。それまでは有毒であった酸素を利用して、呼吸によってエネルギーをつくり出せるようになったことは、地球上に酸素がたくさん存在するようになった20億年以上前からの、生物の爆発的な進化のもととなったことでしょう。

このあたりの話になるとまだ一学説に過ぎませんが、光合成細菌は植物だけでなく、哺乳類も含めた現在の多くの生物の祖先にもなるともいえる、重要な生き物なのかもしれません。

(3) 分類上「下等」だが秘めた能力はすごい！

光合成細菌は、冒頭で述べたように、分類上は菌類の中の真正細菌の仲間になります。

真正細菌の仲間には、よく知られている大腸菌、納豆菌、乳酸菌など身近な細菌がいます。細胞内に核を持っていない、「原核生物」という下等な生物です。光合成細菌も同じく原核生物に属する超古い下等な生き物ですが、大腸菌や納豆菌、乳酸菌に比べると、呼吸でも光合成でも生育できることや、光合成機能を獲得する進化過程で、耐ストレス性など種々の遺伝子も残しており、作物や人間にとって有用な物質を生産するなどの多様な機能を持っています。

納豆菌や乳酸菌が、発酵食品などに有用な微生物であることはもちろんですが、光合成細菌に命をかけてきた私たちには、光合成細菌がなんともいとおしくてなりません。

光合成細菌は、大腸菌や乳酸菌、また、細胞内に胞子をつくる納豆菌などに比べると小型です。しかし、光合成細菌は約30億年前の酸素がない原始地球の環境の時代から生き抜いてきた生物であり、いろいろな過酷な状況で生き抜く複雑な機能を今なお有しています。この機能が排水処理、農業への利用、肥料、飼料としての利用、環境浄化、放射能除染など、多方面への応用に生かされているのです。

2. 光合成細菌ってどんな姿をしているのだろう

光合成細菌には、紅色非硫黄細菌、紅色硫黄細菌、緑色硫黄細菌、滑走性糸状緑色硫黄細菌の4種類（表

表1－1　光合成細菌の種類（実用的な分類）と主な菌の名前

科	代表的な属と種	特徴
紅色非硫黄細菌	ロドバクター　スフェロイデス ロドバクター　カプスラータ ロドシュードモナス　パルストリス	最も一般的、光合成でも呼吸でも生育。実用的に使われているのは、ほとんどこの紅色非硫黄細菌。培養が簡単で、増殖が速い
紅色硫黄細菌	クロマチウム　ビノーサム	ごくまれに実用。硫化水素の無毒化能力強い
緑色硫黄細菌	クロロビウム属	光合成細菌色素、光合成機構研究用
滑走性糸状緑色硫黄細菌	クロロフレクサス属	光合成研究用、ただし、将来、有用物質生産などの将来性あり

注）小林達治博士による、バージニアマニュアル8版（1974年）に基づいた分類

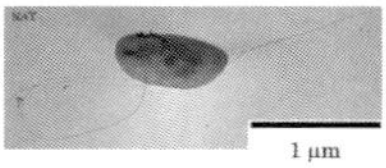

NAT株

世界で唯一の耐熱性光合成細菌。油分解の能力の高い菌で、油分の多い排水処理で活躍

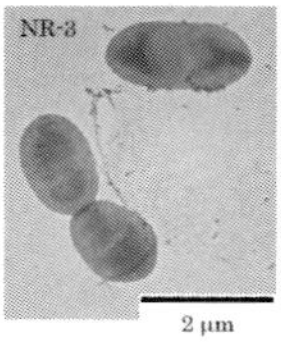

NR-3株

排水処理で、とくにリンを菌体内に大量に貯め込む能力を持った菌

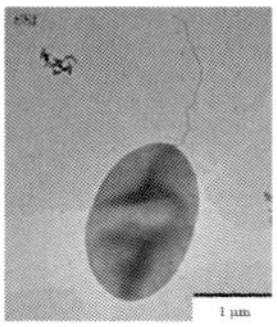

SSⅠ株

排水処理、脱窒、重金属や放射能除去に力を発揮する菌

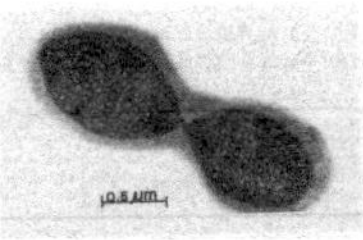

スフェロイデスの細胞膜の中には、粒状の組織（クロマトフォア）が見える（写真提供　ナパワン　ノパラナラポルン博士）

写真1－1　光合成細菌の素顔（電子顕微鏡写真）

写真は、紅色非硫黄細菌ロドバクター スフェロイデス（*Rhodobacter sphaeroides*）のいろいろな能力を持った変異株

1－1）があります。細分化すれば、わかっているだけでも21属の光合成細菌グループがいます。種まで入れると約50種以上です。近年の遺伝子による分類では、さらに多くの種がいることが検討されています（巻末資料）。

ここでは、光合成細菌を、表1－1にあげた非酸素発生型の細菌に限定して話を進めることとします。

光合成細菌のなかでも、実用化されて農業や環境浄化に実際に利用されているのは、現実的には、紅色非硫黄細菌のうちの、ロドバクター（属）カプスラータ（種）*Rhodobacter capsulata* と、ロドバクター　スフェロイデス *Rhodobacter sphaeroides* およびロドシュードモナス　パルストリス *Rhodopseudomonas palustris* の3種類でほとんどを占めています。これらは、ほぼ同じような形、球菌、桿菌の形をしています。一部、紅色硫黄細菌のクロマチウム ビノーサム *Chromatium vinosum* を農業資材に混ぜ込んでいる企業がありますが、それを加えても、現在、我が国で実用化されている光合成細菌はこれら4種類でしょう。

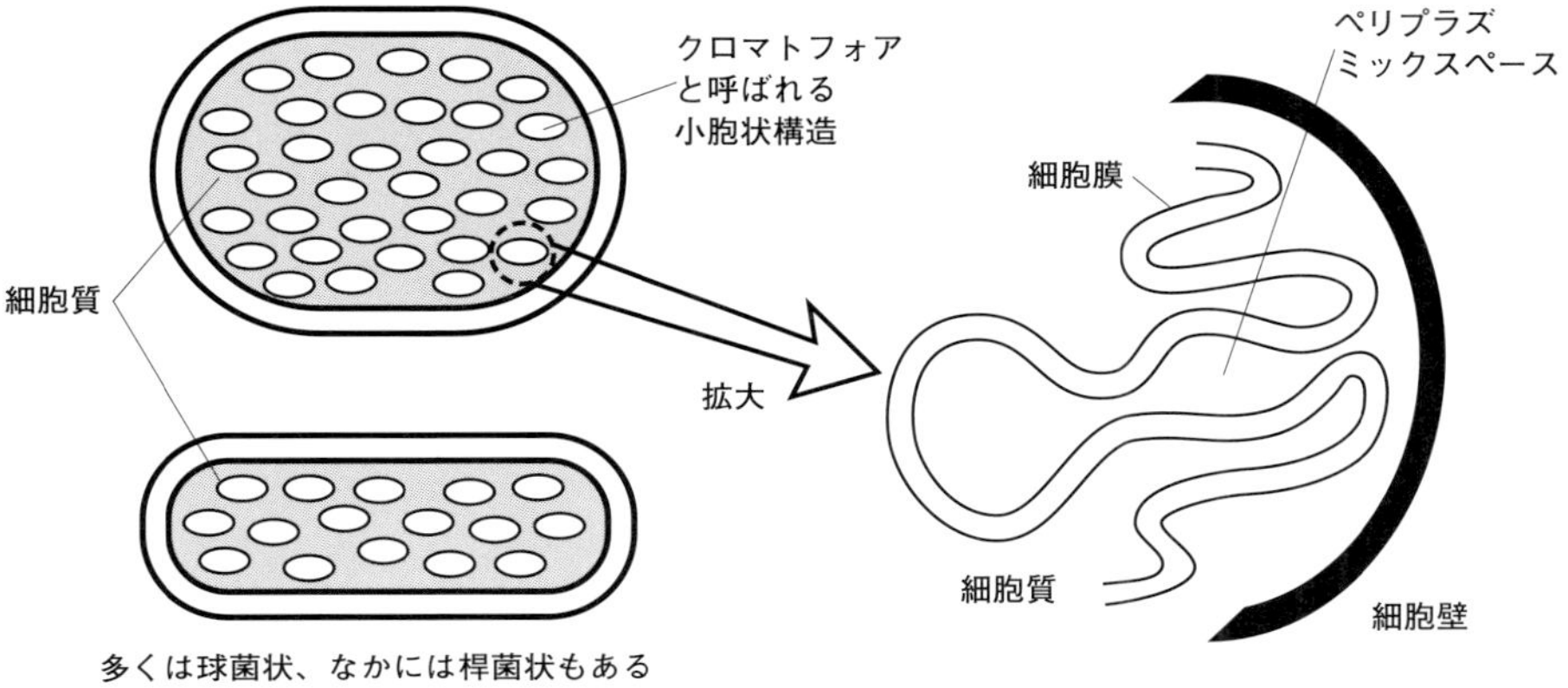

図１－３　光合成細菌（ロドバクター　スフェロイデスやカプスラータ）の構造

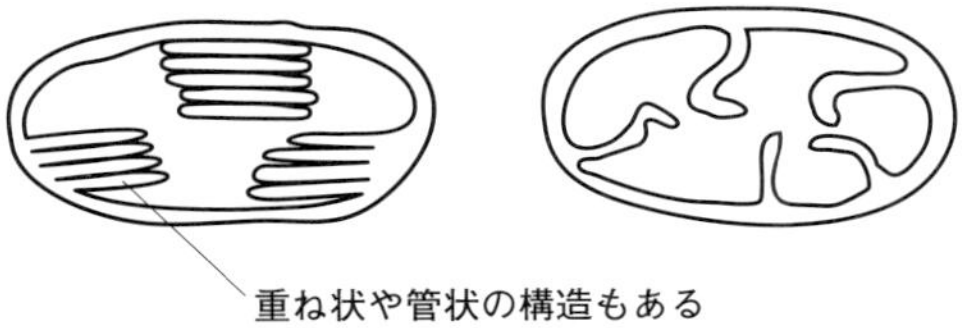

図１－４　光合成細菌（細胞質内）の構造

代表的な光合成細菌である、スフェロイデスの電子顕微鏡写真（写真1―1）、および構造（図1―3、図1―4）を示します。

カプスラータは桿菌で細長く、スフェロイデスは球菌で丸いことが多いのですが、栄養不足のときには桿菌のように長くなることがあります。べん毛を一本ないし数本持っていて、これで運動します。そして、光合成細菌は一般に、光に向かって移動することが知られています。

カプスラータやスフェロイデスの細胞質の中には、クロマトフォアと呼ばれる粒状の組織が見られます。この粒々のクロマトフォアをよく見ると、細胞膜が複雑に入り組んで、粒状構造を形成していることがわかります。この時生じる細胞質のすきまをペリプラズミックスペースといい、光合成細菌の特徴的な構造となっています。このペリプラズミックスペース内の膜の上や膜内部に、呼吸や光合成をつかさどる酵素などがあり、ここで様々な生体活動をしています。人間の肺、胃、小腸・大腸が一緒に、膜の表面上にあるようなものです。

スフェロイデスの電子顕微鏡の写真1―1でも、

表1－2　光合成細菌の生理と特徴

	増殖条件	菌の体をつくる炭素源	生きるエネルギー源（電子供与体＝エサ）	特徴
紅色非硫黄細菌	明・嫌気 暗・好気 暗・嫌気	有機物 CO_2	有機物 H_2 H_2S $S_2O_3^{2-}$	・光でも呼吸でも増殖 ・増殖は比較的速い ・培養しやすい ・一部、発酵でも増殖
紅色硫黄細菌	明・嫌気 暗・好気	CO_2 少数が有機物	H_2S $S_2O_3^{2-}$ H_2、S 少数が有機物	・主に明・嫌気で増殖 ・好気では増殖しにくい ・光独立栄養で増殖 ・培養しにくい
緑色硫黄細菌	明・嫌気	CO_2	H_2S $S_2O_3^{2-}$ H_2	・嫌気の時のみ明条件で増殖 ・光独立栄養のみ ・空気があると増殖停止⇒好気条件だと増殖停止 ・培養が非常に難
滑走性糸状緑色硫黄細菌	明・嫌気 暗・好気	有機物 CO_2	有機物 H_2S $S_2O_3^{2-}$	・光でも呼吸でも増殖⇒明・嫌気条件でも増殖 ・好気条件でも呼吸で増殖 ・糸状、培養しやすい

このクロマトフォアとペリプラズミックスペースが見て取れます。なお、光合成細菌は原核生物ですから核や染色体はなく、これに相当するDNAやRNAなどは、細胞質中にまとまって存在しています。

また、紅色硫黄細菌や緑色硫黄細菌では、このクロマトフォアが管で重なった重ね状や曲がった管状のものもあります。

光合成細菌は簡単な構造で下等な生物といわれますが、このように、その機能は、乳酸菌、納豆菌、さらには高等生物の酵母よりも優れていると私たちは考えています。

3．いろいろな光合成細菌の生理と特徴

光合成細菌は、菌種により大きく生理や特徴が異なります。表1－1に示した実用的分類に沿って、その特徴を整理したものが表1－2です。この表を見ながら説明していきましょう。

(1) 紅色非硫黄細菌

細胞内に紅色の色素を持ち、主なエネルギー源として硫黄ではなく有機物を使うことから、紅色非硫黄細菌の名前が付けられています。紅色はカロテノイドの色です。クロロフィル類（緑色）も含まれていますが、少量なので紅色が強く、私たちの目には赤色・紅色をしているように見えるのです。

ロドバクター属に代表されますが、明・嫌気（光照射・酸素なし）の条件で、光のエネルギーを使って主に有機物を分解・消化して生育します（光従属栄養）。また、普通の好気細菌のように、有機物を

★光従属栄養　光のエネルギーと有機物を栄養源として、そこから必要な養分を獲得して発育・増殖する生物。

★光独立栄養　光のエネルギーと無機化合物を栄養源として、体内で必要とする養分を合成する生物。

呼吸（酸素を利用）によって分解・消化し、生育することもできます（好気従属栄養）。このように紅色非硫黄細菌は、光と酸素があると、光従属栄養と好気従属栄養の両方の代謝（混合栄養増殖、明・好気条件）で増殖できます。また、有機物がなくても、硫化水素（H_2S）があると、光合成によって細胞内で必要な栄養をつくって増殖することもできます（光独立栄養）。培養しやすく便利です。

一部の菌は、酵母の発酵のように、暗・嫌気（光なし・酸素なし）の条件でも、有機物を分解して生育できます。ただ、紅色非硫黄細菌のすべてがこのように増殖できるのではなく、菌の種類によって、できる代謝とできない代謝があり、複雑です。後で詳しく書きます。

(2) 紅色硫黄細菌

細胞内に紅色の色素（カロテノイド）を持ち、見た目は紅色非硫黄細菌と同じですが、主なエネルギー源が有機物ではなく、硫化水素やチオ硫酸イオン（$S_2O_3^{2-}$）などの無機の硫黄化合物であることが、紅色非硫黄細菌と異なります（光独立栄養）。

クロマチウム属に代表されますが、この種は、酸素がある条件ではほとんど増殖できません。硫黄化合物を光で分解・消化して、光合成、光独立栄養的に増殖します。一部、光従属栄養で増殖する菌種もいます。空気があると増殖が止まるものが多いので、培養しにくい光合成細菌です。硫黄を菌体内に蓄積することもしばしばです。それで、紅色硫黄細菌と呼ばれるのです。

培養しにくい光合成細菌ですが、自然界では、どぶ川や排水など、有機物が多量に含まれた汚水環境、つまり、太陽の光もわずかしか届かず、酸素も少ない条件のなかで、硫化水素を分解し、硫黄に変えて無毒化することで、多くの生物を保護し、環境浄化に重要な役割を果たしている大切な光合成細菌です。

紅色硫黄細菌のなかには、塩分が1％以上でないと生育できない紅色硫黄細菌もいます。生理は紅色硫黄細菌と同じですが、海洋性なので培養がむずかしく、応用例はありません。海洋性紅色硫黄細菌ともいわれていましたが、実用的には紅色硫黄細菌に分類したほうが都合がいいようです。

表1－3　紅色非硫黄細菌の実用的な特徴

①赤色、紅色。好気ではピンク
②増殖が速く、多くの炭素源をエネルギー源にできる
③光合成でも好気でも増殖可。一部、脱窒も行なう。脱窒とは、NO_3をN_2にかえてエネルギーを得る呼吸の一種
④菌体は色素が豊富（カロテノイド、バクテリオクロロフィル）
⑤菌体は栄養価に富む。ビタミン類も豊富
⑥耐塩性もある。培養しやすい
⑦排水処理して、菌体を飼料や肥料に再利用できる

(3) 緑色硫黄細菌

緑色硫黄細菌はクロロフィル（正確にはバクテリオクロロフィル）が多いために、赤色ではなく緑色をしています。

明・嫌気条件下で、光合成のみで増殖する菌です。しかし有機物を利用できず、無機の硫黄化合物を使って、光エネルギーと二酸化炭素（CO_2）のみで増殖する完全な光独立栄養増殖です。有機物の代わりに、硫化水素、水素、チオ硫酸から電子を引き出して生体エネルギーのもとにし、硫黄を菌体内にためます。増殖が遅く、酸素があると増殖が止まるので、培養は非常にむずかしく、応用例はありません。

(4) 滑走性糸状緑色硫黄細菌

細い糸状の形態をしており、活発に運動する緑色細菌で、緑色非硫黄細菌といわれることもあります。からだは緑色ですが、紅色非硫黄細菌と同じような性質を持っています。それは、明・嫌気条件で有機物をエネルギー源として電子を引き出し、光従属栄養的に増殖できるからです。違うところは緑色硫黄細菌が明・嫌気条件でのみ増殖するのに対して、この滑走性糸状緑色硫黄細菌は暗・好気状態でも増殖できることです。その点が、紅色非硫黄細菌と似ています。

硫黄を菌体内にためるものも多いです。もちろん、ためないものもいます。応用例はありませんが、今後の応用が期待できる光合成細菌です。

このように、光合成細菌の生理と特徴は、菌の種類により大きく異なるので、代表的な光合成細菌のうち、紅色非硫黄細菌であるロドバクター カプスラータとスフェロイデス、ロドシュードモナス パルストリスについて、実用の面からの特徴を表1－3にまとめました。

4. 光合成細菌のいいところ悪いところ

光合成細菌は排水処理、環境浄化資材、農業肥料、農業資材、動物飼料、医薬品生産に実用的に使われており、多くの実績や学術的研究報告もあります。まずは、光合成細菌のいいところをまとめてみましょう。

①ヒト、動物、環境にとことん安全。使いすぎても、安全。副作用なし。
②天然の有機農業肥料、農業資材、動物飼料として使える。
③学術的にも、効果が実証されている。
④廃棄物のリサイクルに利用が可能。
⑤多方面の応用が可能。環境浄化、農業、水産、医療、健康。

悪いところといえば、

①培養がややめんどうで、一般に手に入りにくい、
②価格がやや高い、
③製品として安定していない。バイオ専門知識のない企業の製品で、いい加減なものが多く出回っている現状がある、
④製品として長期安定性に乏しい。安定させるには冷蔵保存が必要、
⑤利用するにあたっては、少しは専門的な勉強をしたほうが好ましい、などでしょうか。

5. 農業関連バイオ資材　私の見方

光合成細菌に関連して、農業資材として、市販されているバイオ資材が多くあります。概略を説明しましょう。

(1)　EM菌

これは琉球大学の比嘉照夫教授が開発した、農業資材・環境資材で、ボカシともいわれ、世界中に広く普及しています。乳酸菌と光合成細菌と酵母の混合物だそうです。しかし、いろんなEM菌が出回っていて、私もいろいろ分離を試みましたが、光合成細菌が分離できた例はありません。私の友人（光合成細菌研究のエキスパート）もEM菌からの光合成細菌の単離を試みましたが、成功していません。通常出回っているEM菌に光合成細菌はいないというのが結論です。

ＥＭ菌は、うまく使えば環境浄化に効果はあるようですが、これは含まれる乳酸菌混合物の効果によるものと推定されます。

なお、最近、含まれている光合成細菌を多くしたＥＭ製品も出回っているようですが、保管が悪いと死んでいるものも多いようです。もっとも不安なのは、ＥＭ菌の関係は、科学的データがまったく示されていないことです。このことが一部でいろんなＥＭ菌を世にはびこらせ、効果なし、いい加減なものと一部でいわれている原因でもあります。科学的データの表示、科学的説明がほしいものです。

(2) えひめAI《あい》

これは愛媛県工業技術センターの曽我部義明氏が開発した農業資材・環境資材で、愛媛県を中心に多く使われ、主に環境浄化資材として実績があります。ヨーグルト乳酸菌とパン酵母と納豆菌の混合物です。光合成細菌とはまったく関係ありませんが、光合成細菌と同じような農業的優良効果、環境浄化的効果がいわれており、よく混同されます。

主に乳酸菌の作用で効果が出ているものと推定され、科学的にはＥＭ菌と同じようなものと考えられます。しかし、ＥＭ菌より内容、根拠がはるかにしっかりしていて、科学的実績も確実です。

(3) 乳酸菌

ＥＭ菌や、えひめＡＩなどは、乳酸菌の作用によってその効果が現われていると考えられます。乳酸菌はうまく使えば、農業資材、環境資材として素晴らしいものであると思います。我々は、ＥＭ菌やえひめＡＩから単離した乳酸菌を使って、環境浄化の実験を行ないましたが、これらの乳酸菌は、排水やヘドロの有機物をよく取り除くことができることを確認しています。乳酸菌の一部は有機物を強力に分解できて、環境浄化に役立っているのです。

乳酸菌が農業の肥料としてどのように効果があるのかはまだわかりませんが、土壌をきれいにして、土壌環境を健全に保っていることは確かなようです。

(4) 枯草菌、バシラス

枯草菌は、バシラス属のことで、いわゆる納豆菌です。この納豆菌も強い有機物分解力があり、環境浄化にもよく使われています。耐熱性があることから、高温排水処理場の微生物としても利用されています。乳酸菌と同じく、土壌環境の浄化が主な役割と考えられます。

菌体成分もタンパク質、アミノ酸に富み、ちょうど光合成細菌と同じような浄化効果と、農業的肥料効果が期待できます。えひめＡＩにも納豆菌が混合されているのは、これらの効果をもたらすものとして使用されているからだと思います。

(5) 放線菌

土壌微生物のなかでもっとも量の多いものは放線菌です。放線菌がバランス良くいる土壌が、農業用の土壌としてもっとも優れているといわれています。そのため、この放線菌を外部から供給することで、土壌を健全に保ち、植物の生育に良い効果をもたらすものとされています。

小林博士の研究では、光合成細菌を肥料として投与すると、土壌中の放線菌が光合成細菌を食べてその数を増やし、放線菌量が増加することで、生育促進、収量増加などの効果が現われると実証されています。

ただ、微生物資材は生ものです。微生物の培養や取扱いの正しい知識がなく製造したり、販売したり、管理が適切でなかったり（45℃以上高温放置、長期放置）すると、せっかくのバイオテクノロジーの高機能が失われたりすることもあるようです。さらに、いい加減な微生物資材を購入すると、コンタミネーション（略して「コンタミ」）と呼ばれる雑菌汚染があるものもあり、野菜や作物にとって病気発生の引き金になったり、有害なこともありますので、注意が必要です。

科学的な表示、科学的な説明のついた製品を使うようお勧めします。また、本書で正しい知識を持ち、光合成細菌をうまく使って、良い農業、良い水産業ができるようにお勧めします。

環境浄化、農業資材としていろいろな微生物を使った資材が出回っていますが、環境浄化能力、土壌浄化能力、菌体の成分などから、光合成細菌は科学的に効果が証明されているもっとも優れた環境浄化、農業資材であると、私たちは思っています。

光合成システムの話

光合成細菌の光合成システム

左図に、光合成細菌の光合成の様子を模式的に示します。光合成細菌の光合成はすべてこの「非酸素発生型光合成（PSI）」で行なわれます。

光が光合成細菌のクロロフィル（バクテリオクロロフィル Bchl）に当たると、クロロフィルから電子（e^-）が飛び出します。ちょうど、太陽電池に光が当たり、電子が飛び出し、電流になるのと同じようなものです。この時、光合成細菌は、有機物や硫黄化合物から電子を引き出すのです。つまり有機物や硫黄化合物が、電子供与体（エサ）になるわけです。

この電子が別のBchlに伝わり、ユビキノンからシトクロムに電子を渡し、もとのBchlへ戻りますが、この時、生体エネルギーであるATPが生産されます。ちょうど、高いところから水が落ちて発電機を回し、エネルギーが発生するようなもので、ATPが生体エネルギーとして生命維持の源になるわけです。このように、光エネルギーによって電子がPSIをグルグルまわり、ATPを製造するのが「非酸素発生型光合成」です。

時折、電子は高いエネルギーを持つBchlから外れ、CO_2を還元して、有機物（多糖類、アミノ酸、タンパク質など）を合成するのに電子が使われます。これが炭酸固定です。Bchlから外れた電子の働きは炭酸固定が主で、通常は水素発生には使われないのですが、培地中の窒素源が不足する状況では、ニトロゲナーゼ酵素が誘導され、水素を生産するように電子が使われます。この時は炭酸固定は行なわれません。有機物を使わない時、無機の硫黄化合物（硫黄やチオ硫酸）から電子を引き出して、菌体成分である有機物の合成に使われます。

有機物から電子を引き出す時（例えば汚れた廃水の中で生育する時）は、有機物は培地中に十分あるので、炭酸固定は必要ありません。行なわ

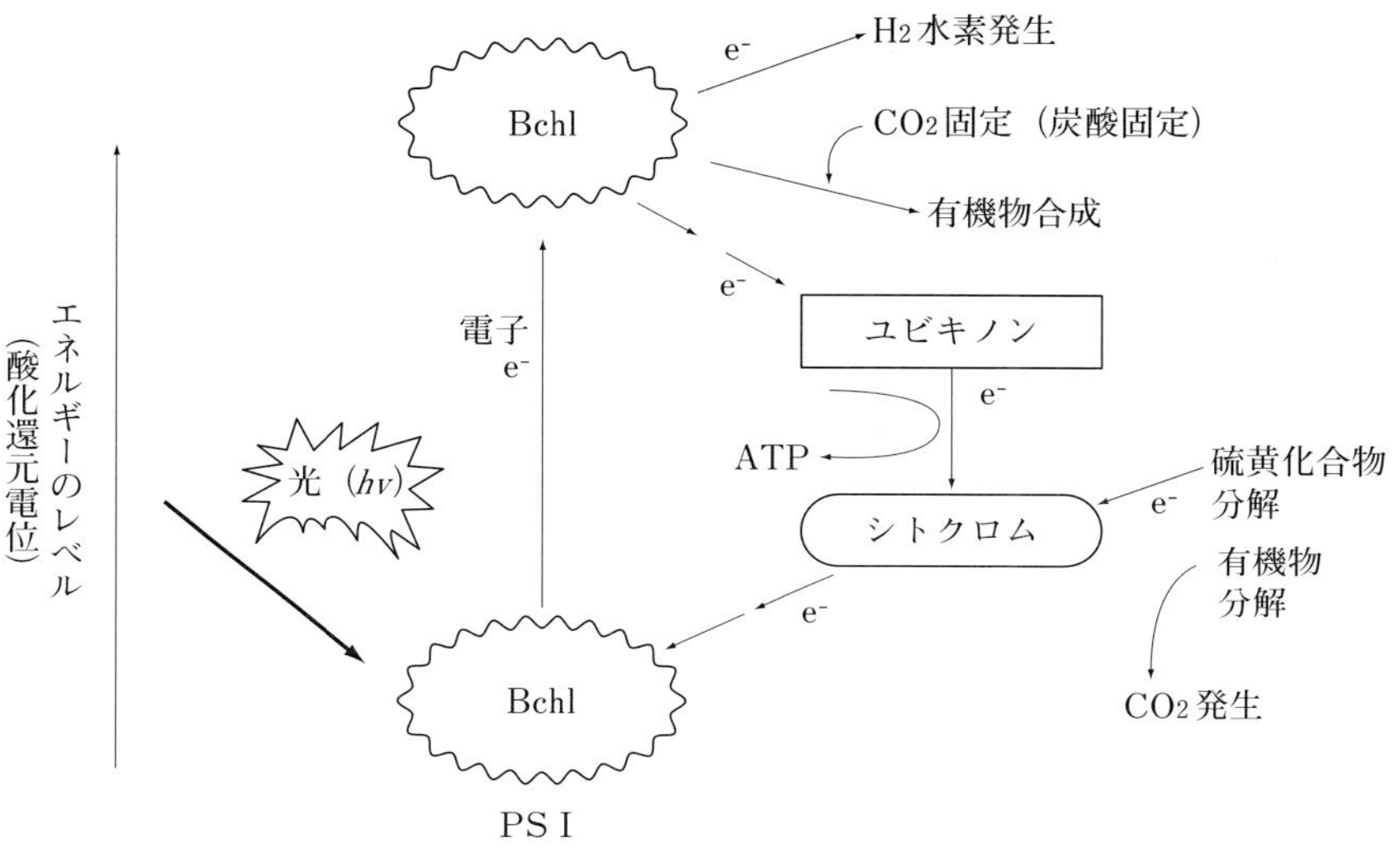

非酸素発生型光合成（PSⅠ）の仕組み（模式図）

れても ほんの少しです。むしろ有機物から電子が引き出されると、たくさんCO_2が発生します。

光従属栄養では、有機物を分解するためCO_2を発生します。光独立栄養増殖では、硫化水素やチオ硫酸からCO_2固定によって有機物を合成するために、CO_2は発生しません。これがＰＳⅠといわれる、非酸素発生型光合成の仕組みです。

緑色植物の光合成システム

一方、植物型光合成（酸素発生型）を次ページの図に示します。シアノバクテリアや現在の緑色植物が行なう植物型光合成は、電子を橋渡しするシトクロムやプラストキノンなどの中間体が非酸素発生型光合成と少し異なりますが、非酸素発生型の光合成細菌と同じくＰＳⅠの機構は備えており、これに、水を分解して酸素を発生できるＰＳⅡという光合成の仕組みが組み合わさっているのが特徴です。ＰＳⅡでは、クロロフィルに当たった光エネルギーで、水の中から電子を引き出します。クロロフィル（Chl）に光が当たることによって励起され、そのエネルギーで水が分解されて酸素が発生するので

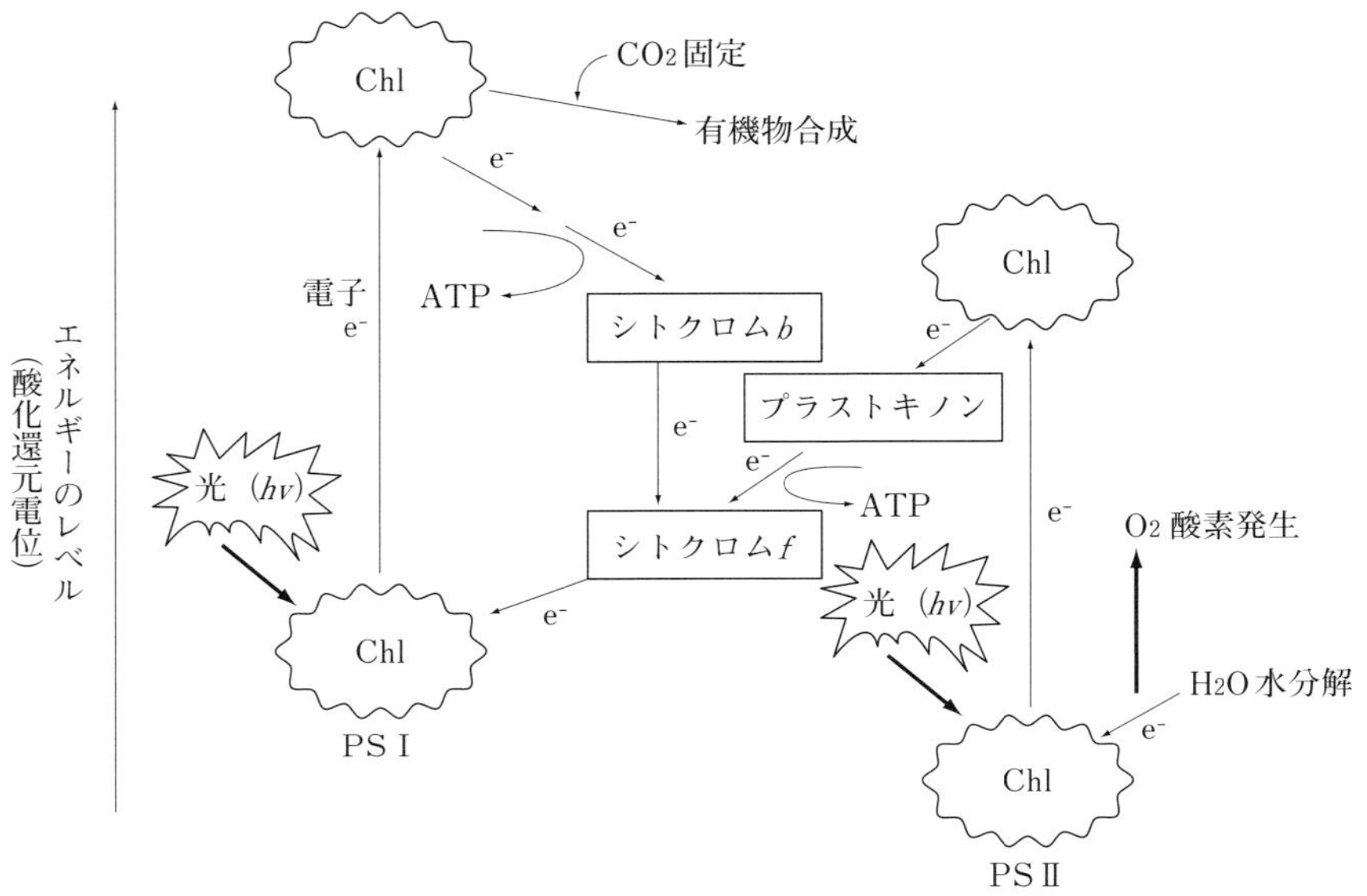

植物型光合成（PS Ⅰ、Ⅱ）の仕組み（模式図）

す。

植物型光合成では、光を受け取るのはBchlではなく、クロロフィル（Chl）です。水から来た電子は、別のChlに電子を引き渡し、シトクロムに引き渡すときATPを製造します。さらに、この電子は別のChlに電子を渡し、再び光で励起され、PSIのATP製造を行ないます。電子は時々CO_2を固定して有機物を合成します。植物でみると、その体を構成するデンプンやセルロースなどがこの合成された有機物です。

つまり、植物型光合成は、水を電子の源として、光エネルギーで電子をぐるぐるまわし、ATPをつくると同時に、CO_2を固定して有機物を造っているのです。これは完全な光独立栄養増殖です。だから植物は、ミネラルと光と水で、生きてゆけるのです。

この仕組みは、シアノバクテリアから持つようになりました。シアノバクテリアが約27億年前、光合成細菌が進化して地球上にでてきてから、酸素が地球上に存在することになったのです。

2章　誰でもできる光合成細菌を採る、増やす（初級編）

光合成細菌は文字どおり光合成で生育できる細菌（バクテリア）で、紅色非硫黄細菌、紅色硫黄細菌、緑色硫黄細菌、滑走性糸状緑色硫黄細菌などがいます。光合成とはいっても、私たちが親しんできた植物の光合成のように、大気に酸素を出すことはありません。光合成細菌は、酸素を出さない光合成（非酸素発生型光合成）で生育します。

この章では、自然から光合成細菌を採り、実力のある菌を増やす方法を紹介します。実用的に使われているのは、ほとんど紅色非硫黄細菌ですので、ここでは、紅色非硫黄細菌を中心に話を進めます。

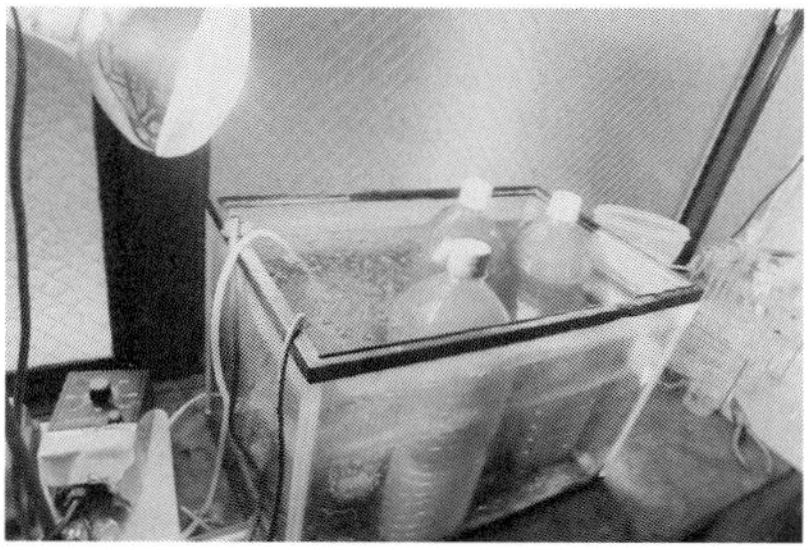

ペットボトルで培養中

1. 光合成細菌はどんなところにいるのだろう

(1) 田の土、池や沼地の底泥、汚れた水路

光合成細菌は、自然界のどこにでもいる細菌です。とくに田んぼの土壌や水、池や沼地の底の泥、汚れた水路の底のヘドロなどに多く生息しています。

光合成細菌は自然界では環境浄化に優れた役割を担っていますので、有機物で汚れた水やじめじめしたところに、それらの有機物汚れを分解してエネルギーにするために多く生息しているのです。

(2) 湿りを好み乾燥に弱い

光合成細菌は納豆菌のように胞子をつくることができないので、一般的に乾燥や高温に弱い種類の微生物です。湿ったところ、泥水のなかに多く生息し、乾いた土壌中には少ないのです。

(3) 好きな温度は25～35℃

春から夏が光合成細菌を採るのに適しています。普通、光合成細菌は、25～35℃が生息に適した温度です。20℃以下、40℃以上の環境には、あまり生息していません。45℃を超えるとほとんど生きていません。ですから、春から夏にかけて、田の土や池の泥に多くの光合成細菌が生息しているのです。真夏になって田んぼの水温や地温が45～50℃を超えると死に絶えます。

耐熱性をうたった資材がいろいろ出回っていますが、45℃以上で生息できる耐熱性光合成細菌（シアノバクテリアを除く）は、科学的に確実なものは、世界中で我々が報告しているロドバクター　スフェロイデスＮＡＴ株のみです。世界中に報告がありません。納豆菌のような耐熱性バシラス等と混同している場合が多いです。

一方、低温には割と強く、田や池の底の泥のなかでは、数は少ないですが冬でもひっそりと生きていて、分離することが可能です。でも、分離するなら春から夏のほうが、成功率は高いです。

(4) 農薬に弱くpH6～9が最適

光合成細菌は化学薬品には弱いので、化学薬品や、除草剤や殺虫剤が多く使われているところには、光

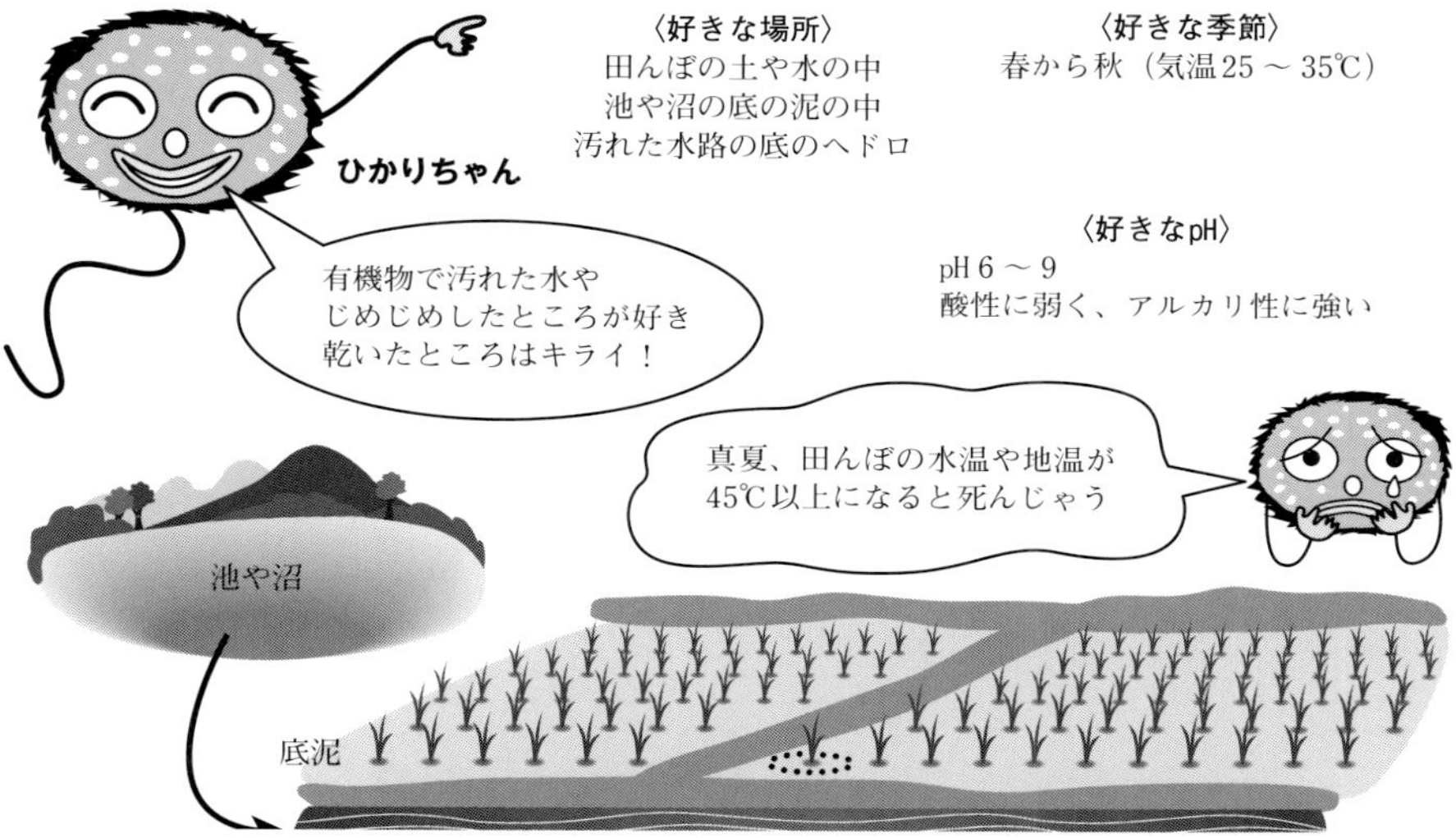

合成細菌はあまり生息していません。なかでもpHはとくに重要で、種類によって適したpHが異なります。

紅色非硫黄細菌は酸性に弱く、アルカリ性に強いです。pH9・5でも平気で生息していますが、pH5・0以下では生存しにくいです（一部の株を除いて）。pH6〜9が生育に最適のpHです。

一方、紅色硫黄細菌は酸性でも強いようです。夏、田んぼの土と有機物（残飯など）をビンに詰め、光を当てておくと2〜3週間で赤くなって、光合成細菌が増殖してきます。田んぼの土のpHは4〜6前後と酸性です。これは一度、土のなかの有機物が酸発酵（主に乳酸発酵）することで酸性になっているからです。生き残っているのは紅色硫黄細菌が多く、紅色非硫黄細菌は比較的少ないです。このような培養液は、自然に戻して酸素に触れるとすぐ失活してしまいます。

硫黄の除去だけでなく、作物の生育にもいい影響を期待するのであれば、紅色非硫黄細菌が多いことがより実用的です。そこでこの章では、より力のある光合成細菌、紅色非硫黄細菌を優先的に採取する方法を紹介することにします。

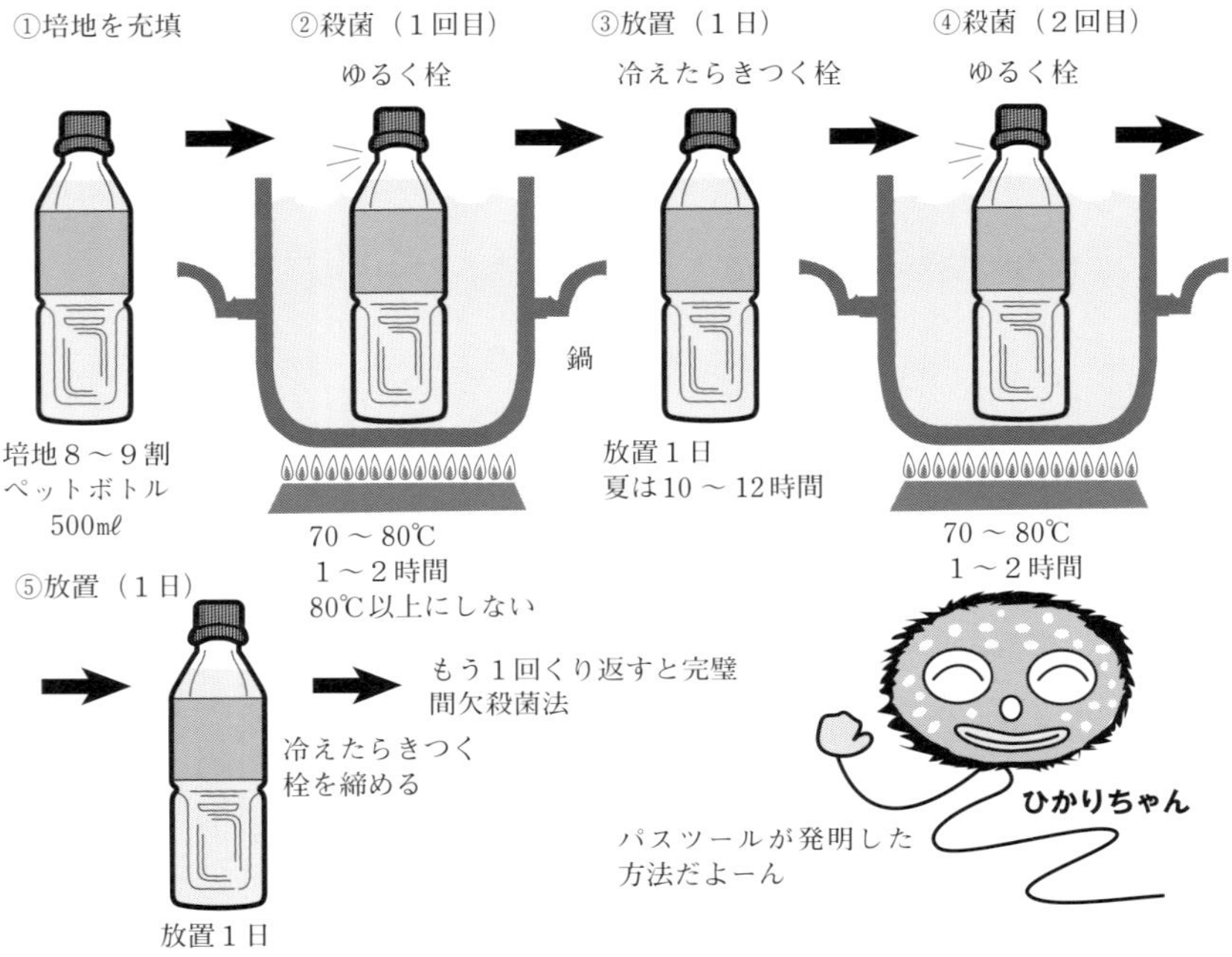

図２－１　培地の準備

2. 種菌の採取と増やし方

誰にでもできる、光合成細菌（紅色非硫黄細菌）の採り方を説明しましょう。

(1) 培地の準備と間欠殺菌法（図2―1）

準備するもの

透明ペットボトル容器（500mℓ、カラーのラベルは取る、光透過性確保）、殺菌用の鍋、培地の材料

手順

①培地を充填。AP培地かGM培地（表2―1）を500mℓ用意し、ペットボトル8~9分目まで加える。初めて挑戦する方や初心者の方は、AP培地のほうが取り扱いやすいでしょう。702培地もつくりやすく簡単です。ただ、やや高価になってしまいます。

②次に軽く栓をして、鍋に沸かした70~80℃のお湯につけ、1~2時間保つ。このとき栓をかたく締めてしまうとボトルが破裂するおそれがあり、空気が抜ける程度のきつさに締めておくのがコツ。ボトル

表2－1　光合成細菌の基本的な培地

GM（グルタメート・マレート）培地	
pH6.8	（g/ℓ　水道水）
グルタミン酸ナトリウム	3.80
DL-リンゴ酸	2.70
酵母エキス	2.00
リン酸二水素カリウム	0.50
リン酸水素二カリウム	0.50
リン酸二アンモニウム	0.80
硫酸マグネシウム（7水和物）	0.20
塩化カルシウム（2水和物）[1]	0.02
ビタミン混液[2]	1.0（mℓ）

注1）水道水で溶かす時は0.01g/ℓ以下とし、沈殿を防止する。造った培地は水酸化ナトリウムでpH7.0付近にすることは必須

注2）ビタミン混液は、チアミン塩酸塩3mg/mℓ、ニコチン酸3mg/mℓ、ビオチン0.03mg/mℓの配合で、20％エチルアルコール水溶液に溶かしたもの（冷蔵庫保管）

AP（酢酸・プロピオン酸）培地	
pH7.0	（g/ℓ　水道水）
酢酸ナトリウム（無水）	1.0
プロピオン酸ナトリウム	1.0
DL-リンゴ酸	0.3
ペプトン	0.2
酵母エキス	0.2
塩化アンモニウム	1.0
炭酸水素ナトリウム	1.0
塩化ナトリウム	1.0
リン酸水素二カリウム	0.2
硫酸マグネシウム（7水和物）	0.2
ビタミン混液[1]	1.0（mℓ）

注1）ビタミン混液はGM培地と同じ溶かすとほぼpHは7になる

702培地（保有株復元培地）	
pH7.0	（g/ℓ　水道水）
ポリペプトン	10
酵母エキス	2
硫酸マグネシウム（7水和物）	1

注）ポリペプトンはWako Chemicalが望ましい

＊AP培地、GM培地材料の販売先＝名水バイオ研究所（〒739-0321広島市安芸区中野6丁目20－1広島国際学院大学地域連携センター内　有限会社名水バイオ研究所　TEL／FAX（082）820－2680）

内の膨張した空気が抜け、しかも外部から雑菌が侵入しないようにするためです。また、お湯の温度が80℃を超すとペットボトルが変形する場合があるので、注意してください。

③その後、ペットボトルをほぼ室温まで冷却して、今度は栓をきつく締め、室内に一日置く。

④翌日、栓をゆるくし再び70～80℃のお湯につけて1時間以上加熱する。夏は10～12時間放置する。

⑤その後、ペットボトルをほぼ室温まで冷却して栓をきつく締め、室内に一日置く。

できたらもう一回、この操作をくり返します。これは間欠殺菌法といって、殺菌をより完全にする方法で、パスツール法とも呼ばれています。2回目の殺菌で、2日目に胞子から発芽した納豆菌のようなバシラスも簡単に殺菌でき、3日連続してお湯につければ、ほぼ完全な殺菌になります。生菌は60℃、30分でほぼ死滅することがわかっています。ただ、発芽しなかった胞子は100℃でも死にませんので、念には念を入れて「できれば3回連続して」と書いたのです。

この殺菌をしないと、生き残った乳酸菌や納豆菌

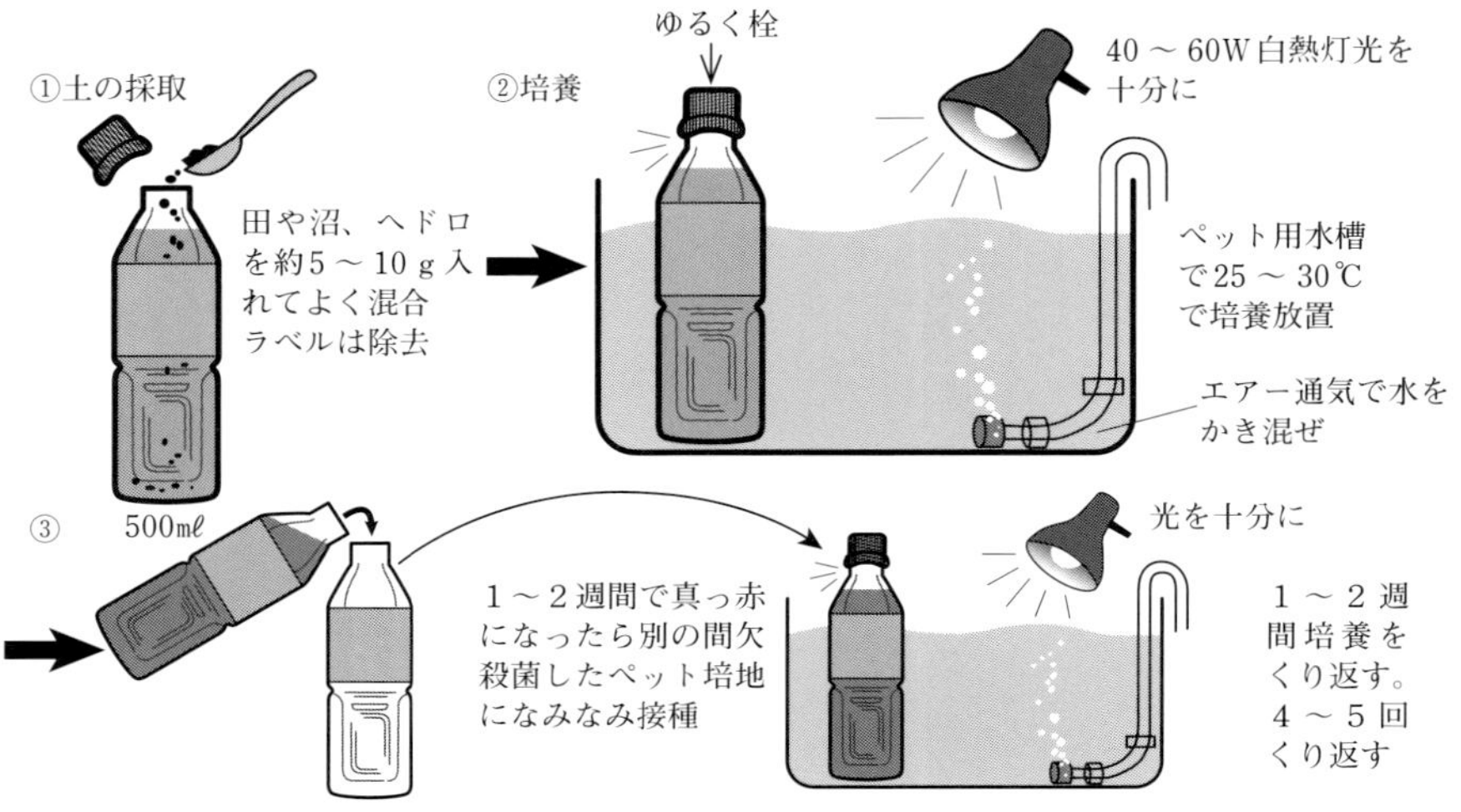

図２－２　光合成細菌を土から採る方法

などがわずか1日で繁殖して液が酸性化し、光合成細菌のなかでも有用な紅色非硫黄細菌が多く死んでしまうことになり、良好な分離が難しくなります。いい菌（紅色非硫黄細菌）を優占させておかないと、農業用効果や肥料としての保存性に問題ができます。

室温が25～30℃になる夏場は、とくに注意が必要です。バシラスの増殖が速いので、この時期に種菌を採種する場合は、できれば、培地の間欠殺菌を10～12時間間隔でくり返すことをお勧めします。

残念ながら、現在、農家の方がつくっておられる光合成細菌の多くは、真っ赤であってもたくさんの雑菌が混入していることが多く、これが作物に害（病気や成長、品質劣化）を及ぼしていることが時々みられるようです。やはり、できるだけ純粋な光合成細菌が欲しいものです。

殺菌した培地ができれば、次は土からの光合成細菌の採取です。

(2) 土の採取、培地への接種、増殖（図2―2）

準備するもの

培地を充填した透明ペットボトル（500㎖）、土を採取する匙、ペット用水槽、白熱灯（タングステン灯40～60W）、エアーポンプ

手順

①田あるいは沼や池の底の泥、約5～10g（状況に応じ適当でよい）を匙ですくい取り、培地の入ったペットボトルに入れてよく攪拌する。攪拌後、空気がやっと抜けるくらいに栓を締める。完全密封では、増殖中に破裂することがある。

②ペットボトルを水槽に入れ、温度を25～30℃に維

白熱灯（左：タングステン灯100～200W　右：ふつうの白熱灯40～60W）

持できるようにセットし、横か上から、40～60Wくらいの白熱灯で光照射する。この時の明るさとしては、ボトル表面で約2千～5千ルクスくらいが適当で、おおよそ、白熱灯をボトルから20～30㎝程度離して照らせばよいでしょう。

　この時、光源として蛍光灯を使うのはよくありません。蛍光灯を使うと、光合成細菌より先に、らん藻（シアノバクテリア、アオコなど）が素早く生育してくるからです。

　紅色非硫黄細菌の光源としては、白熱光→昼光色LED→蛍光灯・白色LEDの順に増殖がいいようです。

　夏は温度が上がり過ぎるので、水槽全体に扇風機の風を24時間当てて冷却することが必要です。とにかく、液温はせいぜい35℃まで。絶対に40℃以上にはしないこと。45℃になっていると、まず有用な光合成細菌は死滅しています。

　1～2日に1回はよくペットボトルを撹拌して培養を続けると、1～2週間で液がピンクから赤くなります。ならない場合は失敗で、サンプル土壌が良くなかったということです。新しい殺菌培地を準備し、再び土壌を採取して同様の操作をくり返し、液が赤くなるまで培養を続けることが重要です。

③赤くなったら、この液を間欠殺菌した新しい培地（8～9割充填済み）の500㎖ペットボトルの上部空間になみなみと注ぎ、空気が抜ける程度のかたさに栓をして、再び水槽（25～30℃）で培養する。今度は3～4日で真っ赤になるはず。この液を再び新しい培地に注いで培養するという操作を4～5回くり返すと、光合成細菌（主に紅色非硫黄細菌）の分離は成功で、これを種菌とします。

　この種菌は冷蔵庫に保管し、1～2カ月に1度くらい、新しい培地に植え替え、リフレッシュしておくことも重要です。これが「植え継ぎ」という作業です。これをしないと、光合成細菌の種菌は、その多くが2～3カ月で死んでしまいます。

3．2ℓペットボトルでの種菌からの少量培養法

　種菌からの少量培養は、2ℓのペットボトルで行ないます（図2—3上）。

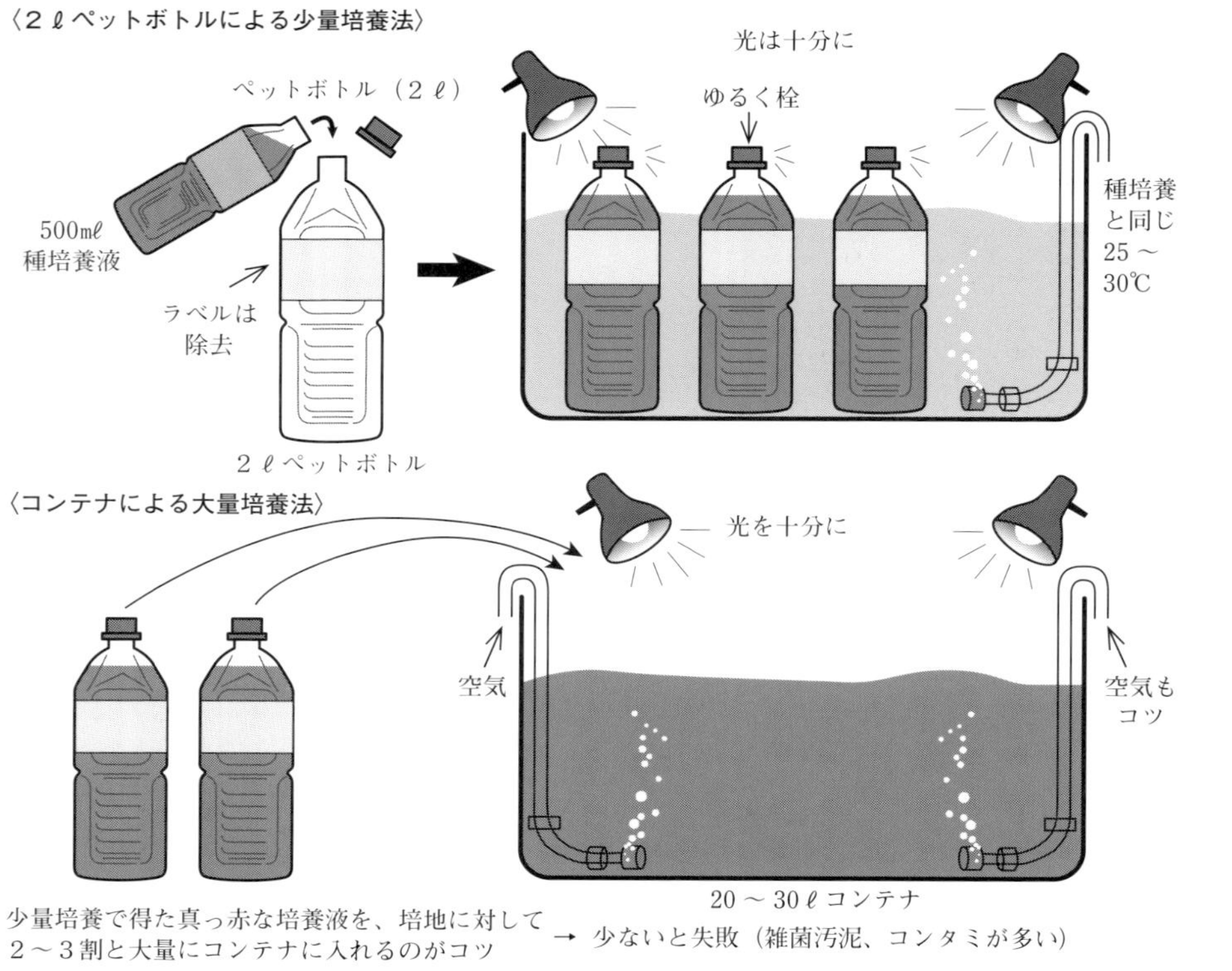

図２－３　ペットボトルでの光合成細菌少量培養法とコンテナによる大量培養法

準備するもの

２ℓの透明ペットボトル容器、ペット用水槽、白熱灯（タングステン灯40～60Ｗ）、エアーポンプ

手順

①２ℓペットボトルに、ＡＰ培地かＧＭ培地（表２―１）を９割程度入れて、前述のように、間欠殺菌（３回、３日）する。この、低温（60～80℃）による間欠殺菌の実施が、安全に光合成細菌を優占させるポイントです。

②殺菌後、図２―２の方法で得た真っ赤な種菌を、殺菌した培地を入れた２ℓペットボトルに満たし、空気が抜ける程度に栓をして、水槽中で光照射を行ないながら、25～30℃で３～４日培養する。真っ赤になったら完成で、室温で保管します。

この２ℓペットボトルでの培養が、簡便で安全で確実な光合成細菌培養法です。ただ、菌の完全純粋分離は一般にはとてもむずかしいので、培養液はなるべく早く使いましょう。

４．コンテナなどを利用した大量培養法

コンテナを利用して大量培養も可能です（図２―

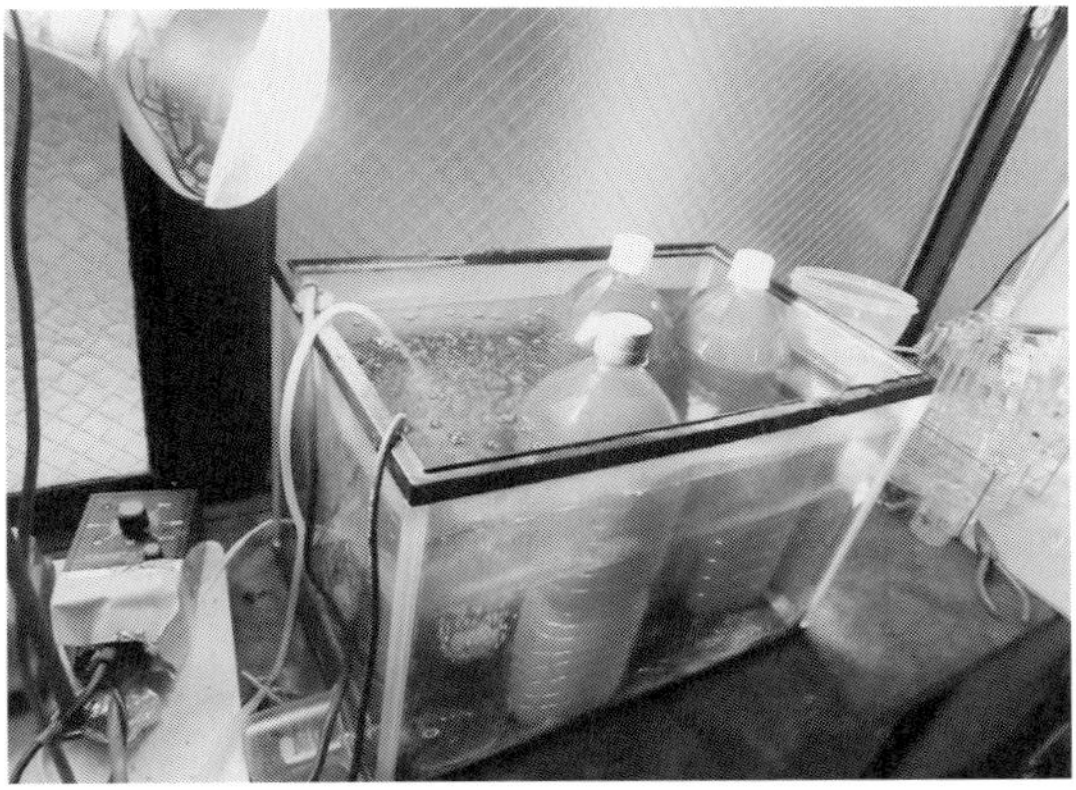

温度上昇に注意し光を十分に

3下)。培養する量が多いので、注意しなければならない点を中心に手順をまとめてみます。

①培地を溶かすときは水道水を使う

まず、30ℓか50ℓのコンテナに、AP培地を20ℓか30ℓほどつくる。容器が大きくて殺菌は不可能なので、培地成分は、残留塩素のある水道水を用いて溶かしたほうがいいでしょう。

②培地ができたら直ちに接種

培地成分を水に溶かしたらすぐに(1～2時間以内)、2ℓペットボトルで少量培養した真っ赤な培養液を加える。これが光合成細菌の接種。培地を溶かしてから時間をおいて接種すると、塩素が抜けて雑菌がすばやく繁殖してしまうため、目的とする光合成細菌が繁殖しにくくなります。「直ちに」が非常に重要です。光合成細菌は少しの塩素なら耐えられます。

③種菌の接種量を増やす

この時、真っ赤な培養液を、培地に対して2～3割(培地が20ℓなら4～6ℓ)と大量に加えるのも、光合成細菌、とくに紅色非硫黄細菌を優占させる秘訣です。種菌が多くないと、雑菌(乳酸菌やバシラス)のほうが速く繁殖して、光合成細菌が少なくなってしまいます。

④培養は光照射と通気を同時に

コンテナの上から白熱灯や蛍光灯で光照射し、金魚飼育用のエアーポンプと散気ノズルで少量の通気を行なうことも、光合成細菌の濃度を高める秘訣です。つまり、微好気・明条件を維持することが大切なので、光照射と同時に通気も併せて行なわないと、悪玉乳酸菌や嫌気性菌が多く繁殖して、光合成細菌の純度が下がるからです。嫌なにおいも発生しやすくなります。ただし、通気は少量としてください。

⑤夜は人工照明が欠かせない

窓際に置いて光を当てるのもいいのですが、夜は光がないので、人工照明は必要です。白熱灯のほうがいいのですが、温度が上がり過ぎたり、照度確保が不十分なので、実際には蛍光灯と白熱灯をミックスするといいでしょう。液の表面で、２千～５千ルクスくらいが必要です。窓際で、人工照明と同時に行なうとよりよいでしょう。

⑥液温を25～35℃を維持

温度はなるべく25～35℃に維持する。夏では液温が45度を超すことがあるので、これは絶対に避ける。コンテナを窓から離す方法もありますが、光は必要なので、液温が高くなったときは扇風機で風を送って冷やすようにします。反対に冬は、温室かあるいは温かいところ（20℃以上の室内）での培養が必要になります。

⑦３～５日で培養液が真っ赤になったら成功

２週間培養を続けても液が白っぽかったり、黄色、茶色の場合は、光合成細菌の純度が低く、失敗です。一度失敗した液は、光合成細菌液としては使用できません。トイレなどで流してください。

コンテナによる培養は、温度管理、光照射、通気の３つがうまく行なわれないと、失敗することも多いので、ペットボトルによる少量培養に慣れた後に、取り組んだほうがいいでしょう。ペットボトルでの培養で、光合成細菌の濃度が薄い製造技術しか持ち合わせていないと、いきなりコンテナで大量培養しても、光合成細菌が優占した培養をすることができません。

いずれにしても、少量培養、大量培養した光合成細菌は、純粋培養したつもりでいても雑菌が必ず混入しているので、保存は好ましくありません。なるべく早く使用してください。できれば冷蔵庫保存が好ましいです。後述する本格的に純粋培養した菌は保存が利きますが、この章で紹介した方法によって培養した菌は保存が利かないとお考えください。

3章　本格的に光合成細菌を採る、増やす（上級編）

実験室で、本格的に光合成細菌を分離、単離、培養する方法を紹介します。２章で紹介した方法と原理は同じですが、使用する装置や器具が異なります。しかし、装置さえあれば中学生でも高校生でもできる方法です。より純粋に光合成細菌を増やすことができるので、活用の幅はうんと広がります。

光合成細菌の効果を持続させ、活用の幅を広げるための「光合成細菌固定化法」の技術も紹介します。ぜひ取り組んでみてください。

アルギン酸で固定した
光合成細菌の粒（ビーズ）

表3－1　光合成細菌のその他の培地

GGY（グルタメート-グルコース-酵母エキス）培地	
pH 6.8	(g/ℓ 水道水)
グルタミン酸ナトリウム	3.80
グルコース	9.00
酵母エキス	2.00
リン酸二水素ナトリウム	0.50
リン酸水素二カリウム	0.50
リン酸二アンモニウム	0.80
硫酸マグネシウム（7水和物）	0.20
塩化カルシウム（2水和物）	0.02
ビタミン[1]	(mg/ℓ)
チアミン塩酸塩	3
ニコチン酸	3
ビオチン	0.03

pHは培地調合後に、水酸化ナトリウム水溶液（約6規定液程度）で調整
注1）ビタミンは表2－1を参照

改変Ormerd培地	
pH 6.8	(g/ℓ 水道水)
DL-リンゴ酸	6.0
硫酸アンモニウム	0.25
リン酸二水素カリウム	0.6
リン酸水素二カリウム	0.6
硫酸マグネシウム（7水和物）	0.2
塩化カルシウム（2水和物）	0.075
硫酸第1鉄（7水和物）	0.012
EDTA	0.02
ビタミン[1]	(μg/ℓ)
ビオチン	15
p-アミノ安息香酸	15
ニコチン酸	15
チアミン塩酸塩	15
微量金属液[2]	1mℓ/ℓ

pHは培地調合後に、水酸化ナトリウム水溶液（約6規定液程度）で調整
注2）微量金属液（mg/100mℓ 純水）
H_3BO_3　280mg、$MnSO_4 \cdot H_2O$　210mg、
Na_2MoO_4-$2H_2O$　75mg、$ZnSO_4$-$7H_2O$　24mg

1. 光合成細菌の分離、培養法

(1) 培地の準備

光合成細菌の培養には、研究用としては、GM培地（表2―1参照）や、グルコースを炭素源とするGGY培地（表3―1）が利用されます。また、改変Ormerd培地は、光合成細菌を利用した水素発生実験などに用いられます。

GM培地は、液体培養および寒天プレート、試験管での保存用などに使用でき、紅色非硫黄細菌が好んでよく増殖する培地です。GGY培地は光合成細菌の大量培養に用いられます。ここでは、標準的なGM培地を使った光合成細菌の培養法を紹介します。なお、GM培地の代わりに、扱いやすい702培地（表2―1）でもかまいません。

殺菌は、オートクレーブ（圧力釜）で行ないます。121℃（加圧1気圧）、15～20分、殺菌を行ないます。2章で述べた、現場で行なう60～80℃の加熱による間欠殺菌は殺菌が不十分なことがありますので、研究用には用いられません。

オートクレーブによる殺菌は、発芽していない胞

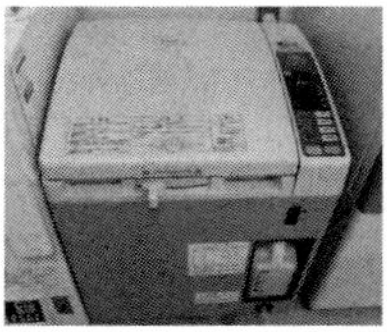
全自動オートクレーブ

圧力釜でも可能

★オートクレーブ　水蒸気で圧力をかけ、温度を121℃以上に上げて、菌やウイルスを完全に殺菌する釜（装置）。

子も殺菌できるので、「滅菌」と呼ばれています。ただ、後述するルー式培養ビンの培地の殺菌では、温度上昇に時間がかかるため、20～30分の殺菌が必要です。

(2) 自然界からの分離法

集積培養

光合成細菌の分離は、2章に書いたように、田んぼの土や、池や沼の底泥や汚泥から行なうのが一般的です。これら有機物をたくさん含んだ有機性底泥や汚泥には、光合成細菌以外の、乳酸菌、納豆菌などのいわゆる雑菌やバイ菌など、有機栄養増殖性の微生物群が旺盛に生育しており、有機物が豊富なうちはそれらの菌群が優占しています。したがって、土や底泥や汚泥から光合成細菌を分離するには、まず、光合成細菌を優占させる作業が必要になります。これが「集積培養（しゅうせきばいよう）」です。

図3―1に示すように、光合成細菌を培養するGM培地10～15mℓを注いだ18mℓ容の試験管（殺菌後、綿栓かシリコ栓をしたもの）に、土か汚泥を約1g入れ、白熱灯またはレフランプによる光照射を行な

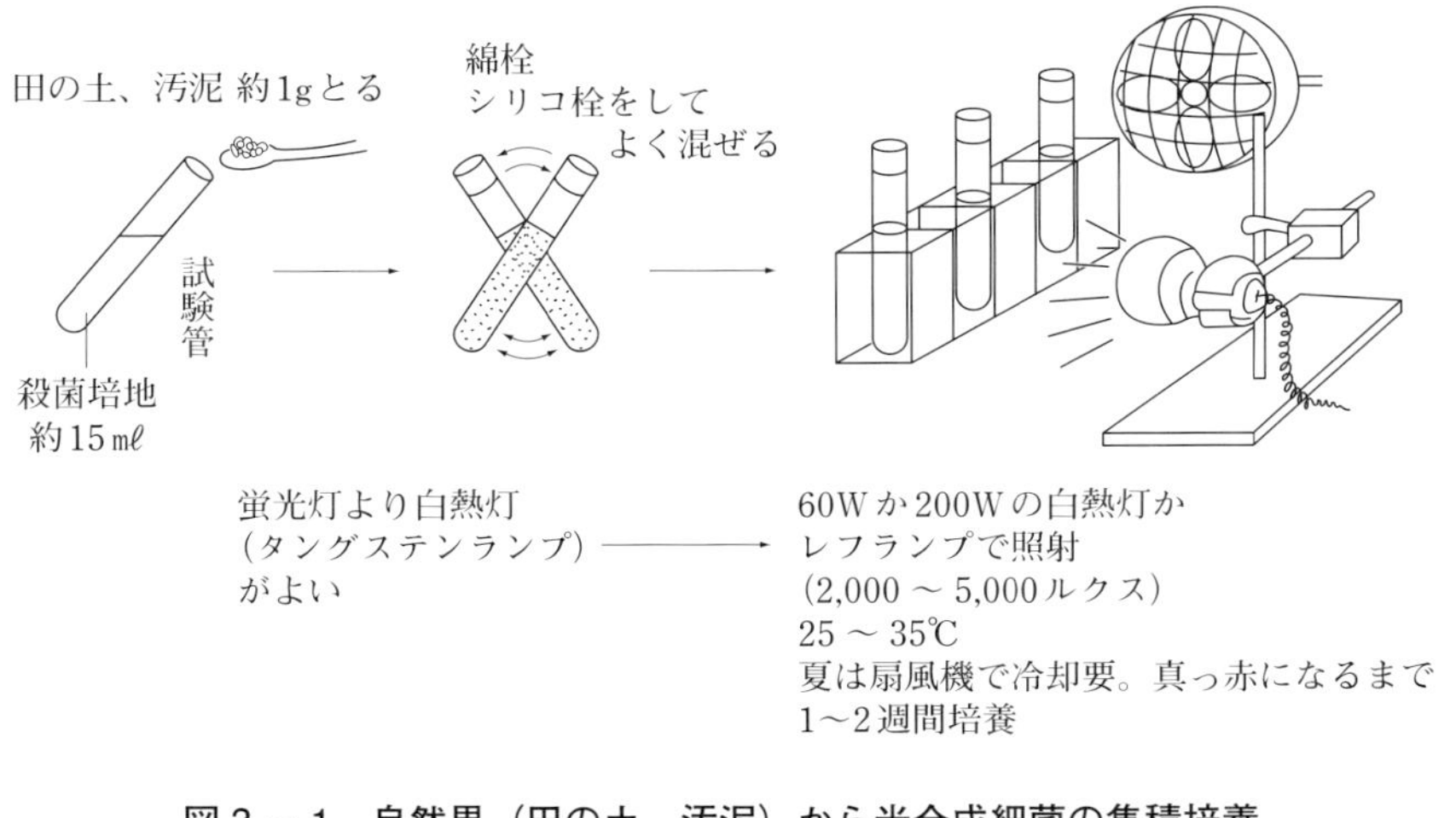

図3－1　自然界（田の土、汚泥）から光合成細菌の集積培養

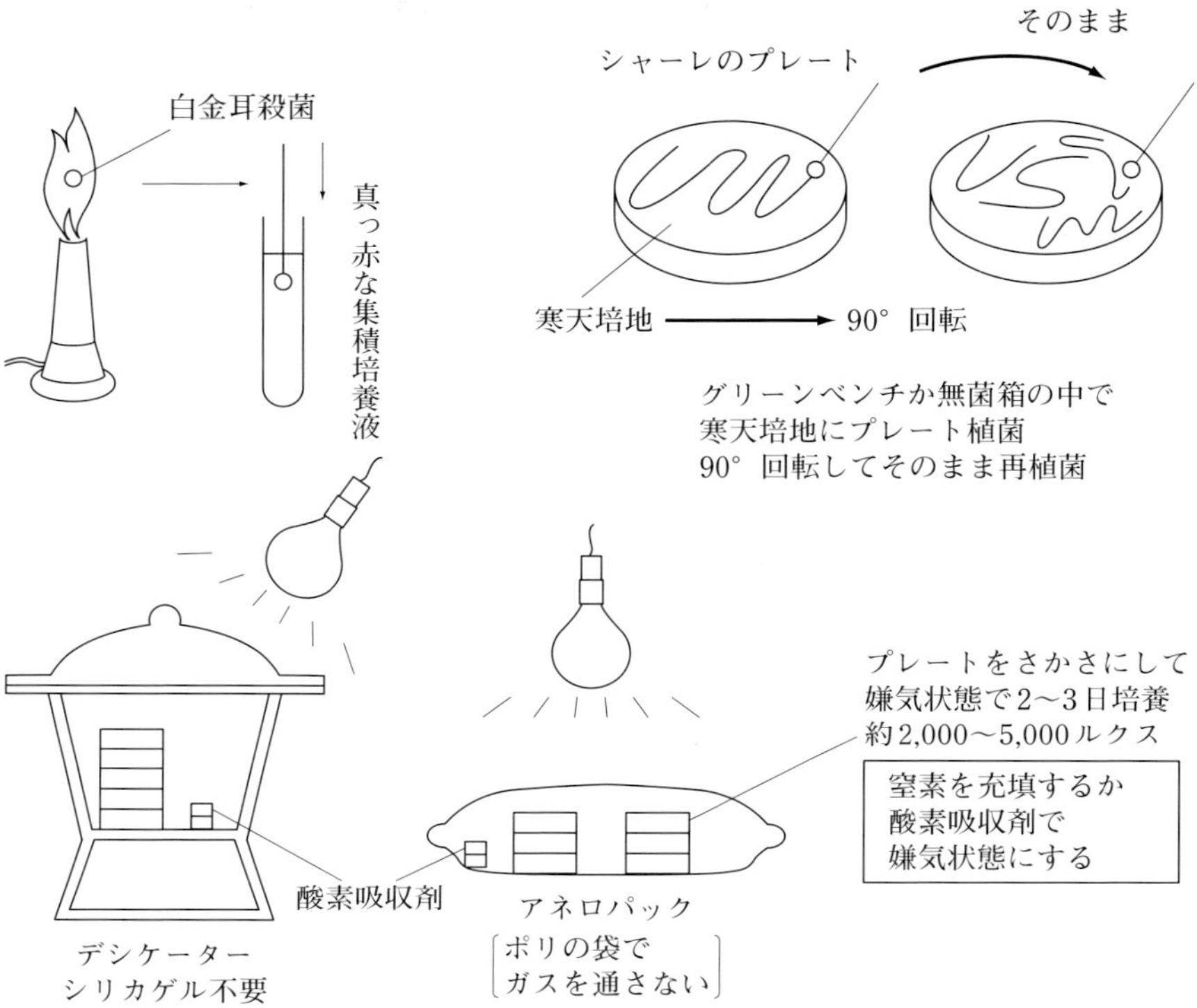

図３－２　集積培養液から光合成細菌の分離

い、静置・明条件（2千～5千ルクスが最適）で光合成細菌の集積培養を行ないます。培養温度は30℃（液温）が適当です。くれぐれも35℃以上にはしないでください。なお照射する光源ですが、蛍光灯や白色LED灯は光吸収帯が異なるのであまり好ましくありません。増殖が遅いようです。

初めは汚泥中の有機栄養微生物群が増殖しますが、そのうち基質（微生物のエサ）としての有機物の減少とともに培地中が嫌気状態となり、光照射によって急速に光合成細菌が生育してきます。1～2週間後、試験管の液が真っ赤になったら光合成細菌が生育している証拠です。赤くならない時（だいだい色や茶色や黄色）は、他の微生物が増殖しているか、土や泥にもともと光合成細菌がいなかったケースです。

光合成細菌の分離

次の段階は、光合成細菌の分離作業です。減菌したGM寒天プレート培地（寒天は約2％、20g／ℓ）を敷いたシャーレと、密封できる小型の嫌気チャンバー（アネロパックやタッパーなど、簡単な密封で

★白金耳　白金かニクロム線の針金で、先端を0・5cm程度の環状にしたもの。支えのプラスチック棒の先端に取り付けて用いる。

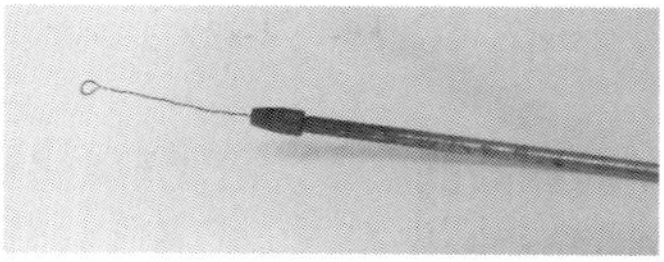

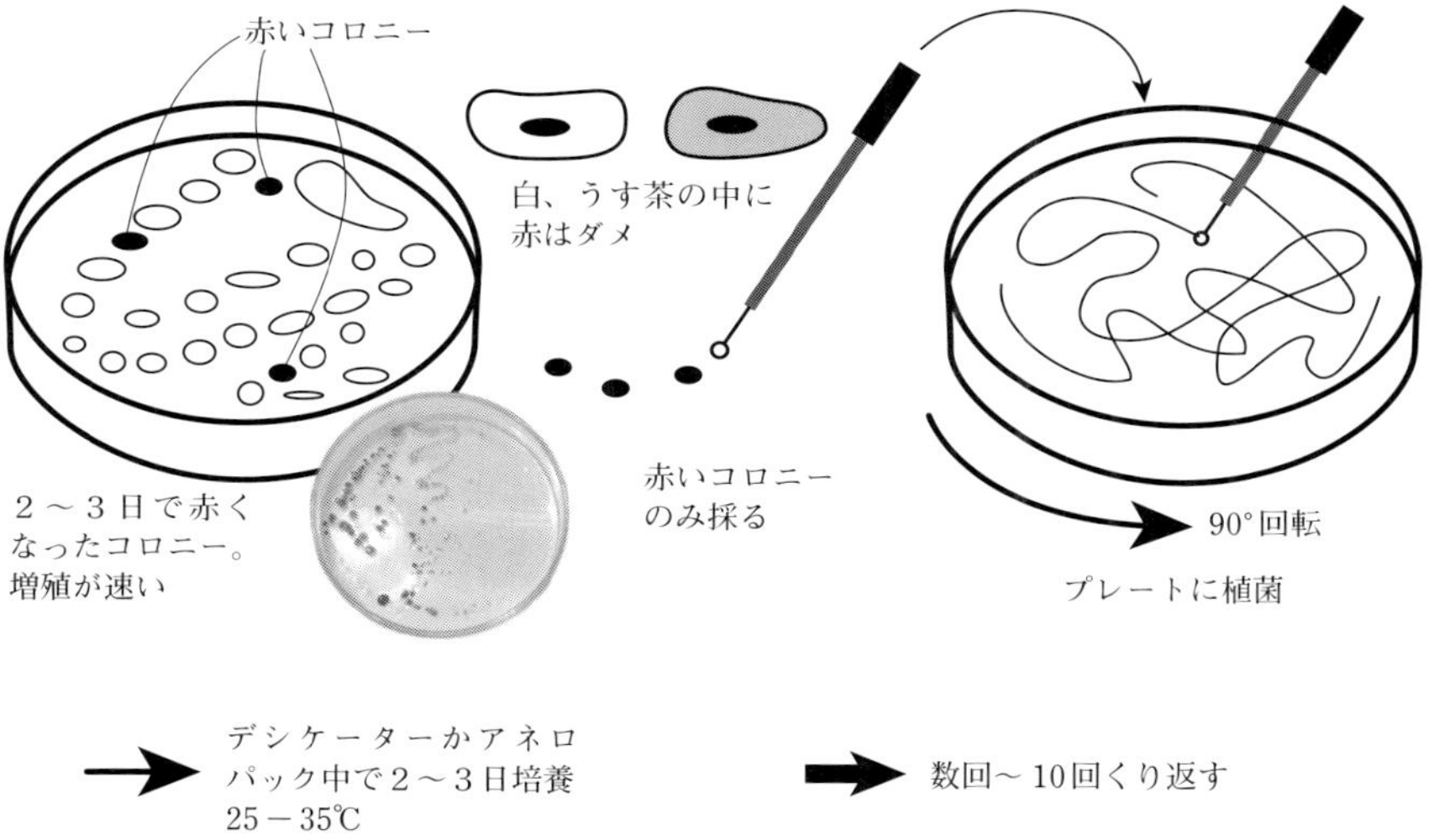

図3－3　分離したコロニーから光合成細菌の単離

きる袋やプラスチック容器でもよい）を用意します。

図3―2に示すように、集積培養によって紅色になった液を白金耳などで少量採取し、滅菌した寒天プレートに塗りつけるように広げ、直ちに空気を遮断できる容器の中に入れ、酸素吸収剤を開封します。窒素ガスを封入してもいいです。寒天の水分の影響を防ぐため、プレートはさかさに置きます。

この嫌気チャンバーに白熱灯やレフランプによる光照射を行ない、嫌気状態を保ちながら明条件で培養します。このときも、温度が35℃以上に上がらないよう注意してください。

条件がいいと、3~5日くらいでプレート上に、白またはクリーム状の黄色の細菌のコロニーに混ざって、徐々に光合成細菌のピンクか赤色のコロニーが観察されてきます（図3―3）。

この赤色コロニーを、ホコリや雑菌を混入させないように作業できるクリーンベンチか無菌箱の中で白金耳を用いて分離し、再び新しい滅菌寒天プレートに広げ、嫌気・明条件で培養をくり返します。この一連の操作によって、環境中に生育している光合成細菌を単離することができます。

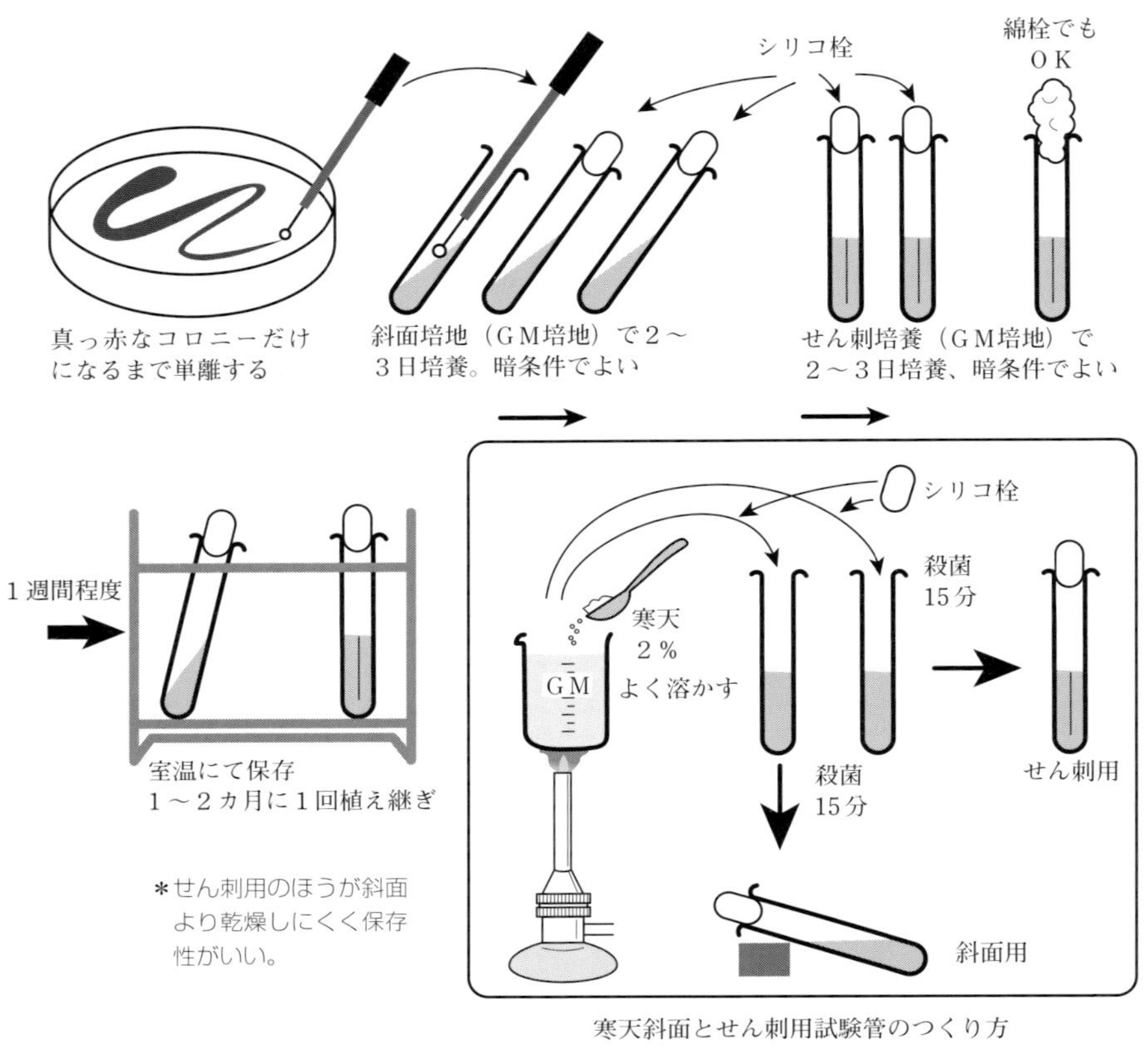

図３－４　光合成細菌の保存

くり返すごとに純粋になります。このプレート培養を10回以上くり返すと、ほぼ単一の菌の分離、つまり単離に成功です。実際、筆者らはこの方法で水田から光合成細菌（紅色非硫黄細菌）を単離し、排水処理への応用も試みています。

試験管での保存

調製したＧＭ培地に２％量の寒天を加え、均一に攪拌しながら加熱して寒天を溶かし（お湯の中で加熱）、駒込ピペットで約10mℓ手早く吸い取り、試験管に注入します。この試験管にシリコ栓または綿栓をして、オートクレーブで121℃、15分殺菌します。

冷却後、寒天により固まった斜面培地またはせん刺用培地に、白金耳を使って菌体を接種し、温度30℃、照度2千～5千ルクスになるよう、白熱灯などで照射します。菌株によっては（ロドバクターなど）、必ずしも光照射は必要のないものもあり、その場合は暗条件で静置でいいです（図３－４）。

★駒込ピペット　粘性のある液を採取するピペットで、中間に液だめのふくらみのあるピペット。

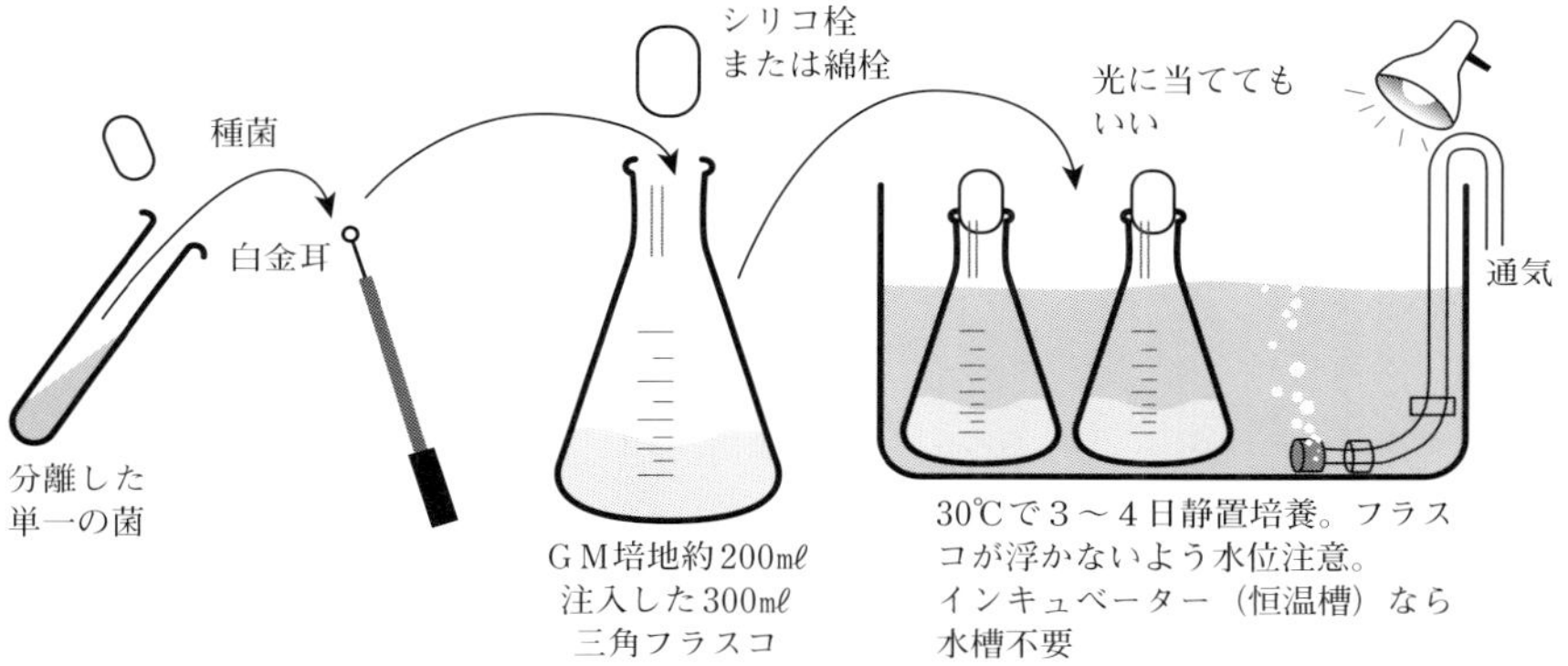

図3－5　前培養および拡大培養

接種後、早ければ2〜3日で赤色のコロニーが見え始め、1週間程度で保存用種培養が完了します。この保存用種培養菌株は、室内の冷暗所で保管し、1〜2カ月ごとに新しい寒天培地に植え替える必要があります。冷蔵庫での保存は乾燥するため、光合成細菌の保存には好ましくありません。

(3) 単離した菌の前培養および拡大培養

光合成細菌を用いて、水質浄化や排水処理などの実験を行なう場合、保存用種培養（試験管）から光合成細菌を取り出して、液体培養によって大量に菌体を培養する必要があります。

その手法として、図3―5に示すように、GM培地を300mℓの三角フラスコに約200mℓ注入したものをオートクレーブで殺菌し、室温に冷却したものに、保存用斜面培養から白金耳を用いて種菌をかき取り、少量の接種を行ないます。これを種培養と同じ条件で静置培養します。約2千〜5千ルクスの十分な光照射が必須です。増殖が速くなるからです。

接種後2日目頃から徐々に赤くなり始め、4日目頃には増殖した菌により培地が真っ赤になります。

この前培養液を、滅菌したGM培地1～1・2ℓを入れたルー式培養ビン1・5ℓ容に、液量で1～5%程度接種し、光照射による同様の培養を行なうと、3日程度で培養液が赤くなるほど増殖し、拡大培養を行なうことができます。

光合成的培養法（明・嫌気条件）

光合成細菌を明・嫌気条件で培養する場合は、主としてルー式培養ビンを用います。ルー式培養ビンには200mℓ～1・5ℓ容まで種々の種類がありますが、平たいガラス容器であることが特徴です。密栓（スクリューキャップ）またはシリコ栓、綿栓などで栓をして、培地をオートクレーブで殺菌（加圧1kg／㎠、20～30分）した後に、前培養した培地を1～5%（液量）接種します。光照度は2千～5千ルクスが良いでしょう。

ルー式培養ビンでなくとも、300～1000mℓ三角フラスコでの培養でも、増殖は遅いですが培養可能です。

菌濃度が1g／ℓ（吸光度で表示するとOD660＝2、つまり波長660nmでの吸光度が2程度）に達すると、ガラス表面より5cm内部に入ると菌に光がさえぎられてほとんど光が届かないので、菌の増殖はほぼ止まります。3cm内部では5分の1程度しか光が到達しません。そのため、厚さの薄いルー型培養ビンが用いられるのです。

また、スターラーで攪拌しながら培養すると、ガラス表面で光が培養液に均一に当たるようになるため、増殖がやや良くなります。光照射による液温上昇に注意が必要です。スターラーがなくても、温度上昇に気をつけてそのまま静置培養すれば、3～5日で十分真っ赤に増殖します。

好気的培養法（暗・好気条件）

光合成細菌を好気的に培養する場合、前培養と同じく、保存しておいた斜面（スラント）培養したものを種菌として用います。

好気的に液体培養する場合、GM培地を坂口フラスコに100mℓ入れて殺菌し、種菌として保存しておいた試験管の斜面培養より、白金耳に菌を少しだけ取り、接種後、暗所にて100rpm（一分間に100回転）の速度で振とう培養（30℃）を行なう

★吸光度 OD_{660} 吸光光度計を用いて菌濃度を調べる方法で、光合成細菌の場合は波長660nmの光を培養液に照射し、その吸光度から計算する。詳しくは57ページ参照。

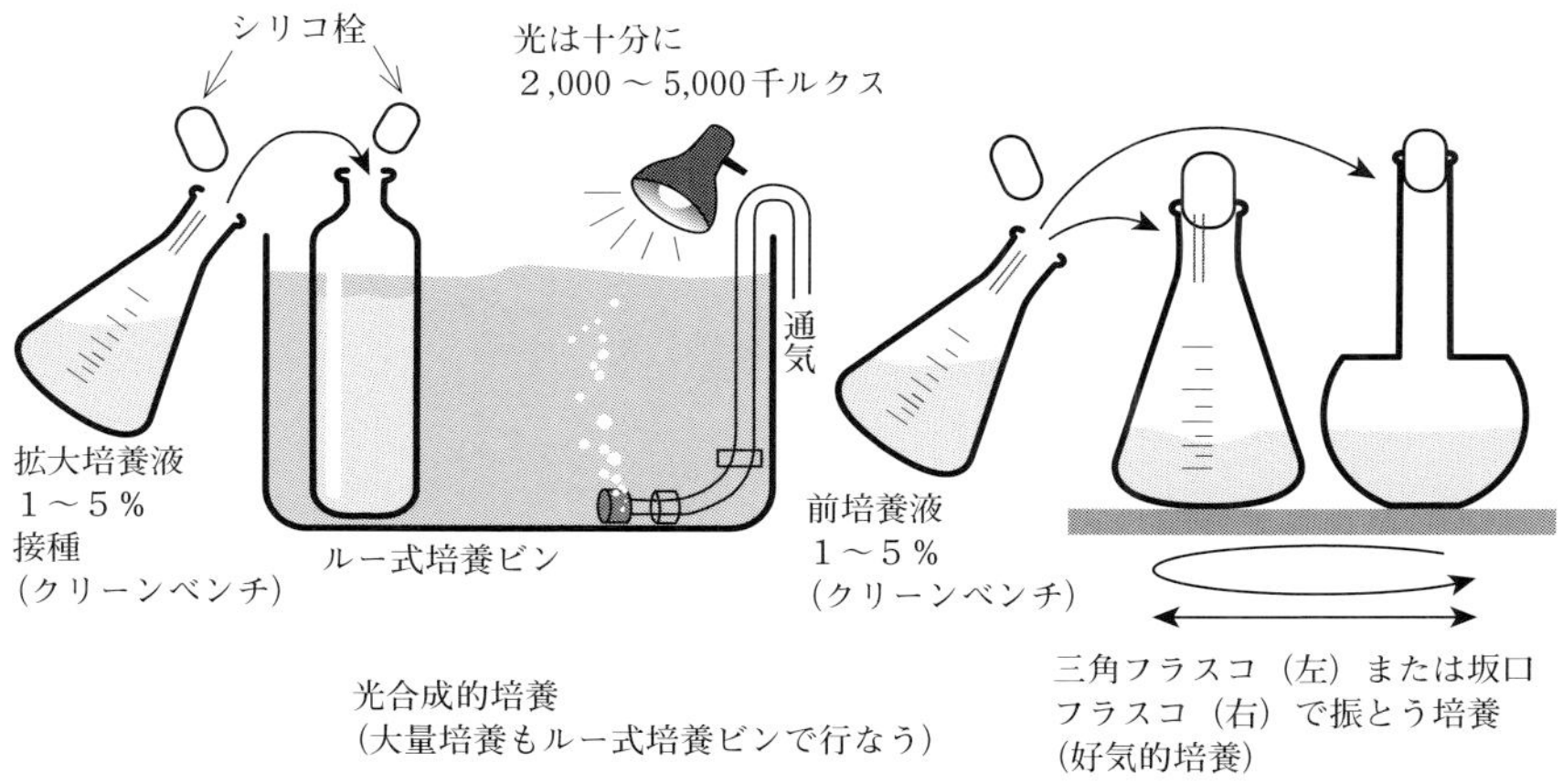

図3－6 光合成的培養および好気的培養

と、暗・好気条件によって光合成細菌を培養できます（図3―6）。2～3日で増殖は完了します。

完全に好気培養をしたい時には、フラスコの培地量を50mℓと減らします。培地量が200mℓと多い場合には、培養後期には酸素供給が不十分となり、微好気培養となります。300mℓ三角フラスコを使用するのであれば、培養液を100mℓ入れて、ロータリーシェーカーで100rpm程度の速度で攪拌しながら培養すれば、2～3日で好気培養できます。

ただし、好気培養の場合は光合成色素をあまりつくらないので、ピンクか薄い赤茶色で培養は完了です。明・嫌気培養のように真っ赤にはなりません。

2．光合成細菌の大量培養法

(1) 光合成培養（明・嫌気条件）による大量培養

前章でペットボトルを用いた少量培養法を紹介しましたが、光合成細菌の大量培養法も基本的にはこれと同じで、ルー式培養ビンを用いて行なう点が違うだけです。

培地は主にGM培地、AP培地、まれにGGY培地を用います。702培地は高価なので、大量培養

振とう培養

★振とう培養　振とうフラスコに培地と菌を入れ、横に7～10cmほど往復しながら振る培養法。好気的培養という意味もある。

には適していません。ルー式培養ビンに、上部に少し隙間をつくる程度に培地を入れ、シリコ栓をして殺菌をします。オートクレーブで、121℃、20～30分殺菌します。ルー式培養ビンは温度の伝わりが遅いので、20分の殺菌では不十分なことがあります。

前項で紹介した三角フラスコで純粋培養した前培養液を、殺菌した培地の入ったルー式培養ビンに少量（5～10mℓ／1ℓ培地程度）加え、水槽の上部か周囲から光照射し、2千～5千ルクスで静置明培養を行ないます。前培養液を接種する時は、クリーンベンチを用いて無菌操作で行なうことが望ましいのですが、締め切った清潔な室内であれば、素早く液を注入して栓をすれば雑菌汚染することなく、純粋培養は可能です（拡大培養）。

水槽の水温は30℃に維持します。3～5日で培養は終了します。OD_{660}としては、培地にもよりますが2～3（10倍希釈だと0・2～0・3）に達します。

培養液は大型容器に集め、冷たい暗所に保存します。この培養液は春、秋、冬であれば1～2カ月保存が利きます。しかし夏であれば、2～3週間で腐敗することがありますので、注意が必要です。大型冷蔵庫保管が好ましく、冷蔵庫保存では、6カ月以上は菌の活性を維持したまま保存できます。写真3―1は明条件による光合成細菌の大量培養です。

20～30ℓの養魚用水槽を用いて大量培養することもできます。これは2章で述べたコンテナによる大量培養と同じです。ただ、ルー式培養ビンか大型耐熱ビン（5ℓ容）を用い、そこに殺菌した培地を入れ、純粋培養した拡大培養液を、培地に対して2割程度と大量接種することが、光合成細菌の純度維持には重要です。

また、光は培養槽の上部から十分に照射（2千～5千ルクス）しながら、通気は無菌フィルタを通して無菌空気を吹き込むことが、純粋培養に近づける秘訣です。培養にあたっては温度維持が重要で、25～30℃を維持することも大切です。

この方法でつくった大量培養液は、真っ赤になっていても少しの雑菌は含んでいますので、早目に消費することが大切です。また、光照射によってGGY培地で培養した場合、液が酸性になり増殖が止まり、赤色が退色し茶色になることがありますので、水酸化ナトリウムで適時pH7～8に維持しておくといいでしょう。GM培地、AP培地ではこのようなことはありません。

写真３－１　光合成細菌の大量培養（明条件での培養）

(2) 好気培養（暗・好気条件）による大量培養

好気培養による大量培養には、専用の発酵槽（ジャーファーメンター）を用います。これは、オートクレーブ殺菌できる圧力容器で、純粋拡大培養菌を無菌的に接種できる、しかも無菌空気を大量に通気できる装置です。ただ、大学や専用工場にしかないので一般にはできません。

一般の方は、光合成培養（明・嫌気培養）による大量培養法、またはペットボトルを用いた少量培養法、またはコンテナを用いた大量培養法を用いるといいでしょう。大量培養の際、ルー式培養ビンを用いた完全殺菌による純粋培養法で培養した前培養液や、その拡大培養液を、コンテナ培養の種菌として用いると、より純度の高い光合成細菌培養が可能となります。

3. 培養液の菌体濃度を測る

自分で培養した光合成細菌の、菌体濃度を知りたいという人もおられることでしょう。農業で利用する場合はもちろんですが、光合成細菌を用いたさまざまな実験を行なう場合、菌体濃度の設定、基質の消費、生産物の生成量、そして、菌体の増殖による菌体生成量など、さらには増殖速度や増殖収率などを算出するのに、菌体濃度の測定は非常に重要となります。

ここでは、顕微鏡による菌の実数を測定する方法、乾燥菌体量によって測定する方法と、吸光光度計によって培養液の吸光度を測定する3つの方法を紹介します。

(1) 顕微鏡観察による菌体濃度の測定

赤くなった培養液を、殺菌したスポイトか、観察する培養液で数回よく洗った（とも液洗い）スポ

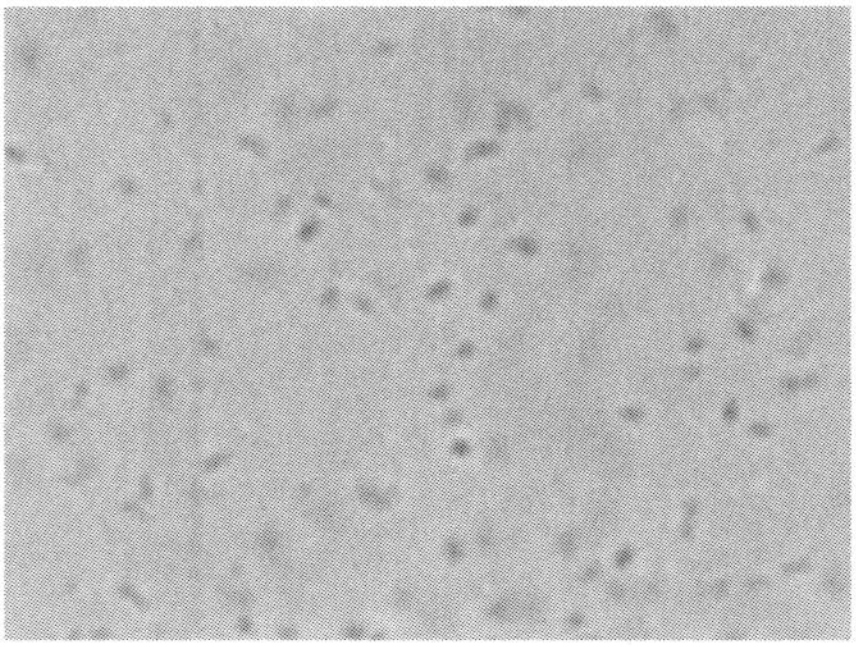

純粋培養、丸いのが光合成細菌

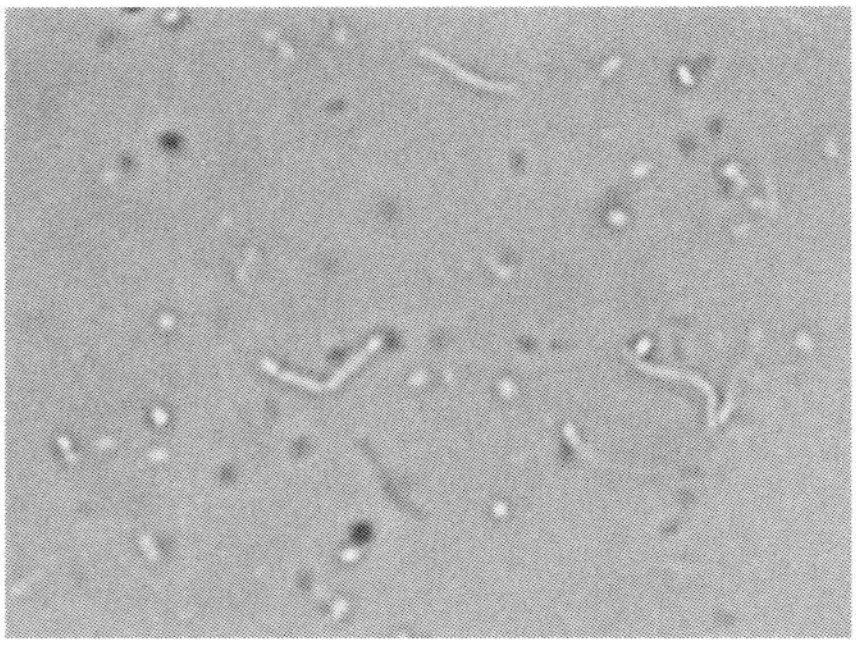

細菌汚染の場合、丸いのが光合成細菌で細長いのは乳酸菌か納豆菌

写真３－２　顕微鏡で見た光合成細菌（× 400 倍）

イトまたはピペットで吸ってスライドグラスに1滴たらし、400倍の顕微鏡で観察します。観察しやすくするには、光合成細菌の培養液10mℓに1%ホルマリン水溶液を1滴加えて、菌を動かなくしてから観察するとよいでしょう。菌が動かず、上手に観察できます。

懸濁した菌の培養液を1mℓ試験管に取り、殺菌した純水を9mℓ加えて10倍希釈にして観察する場合もあります。菌濃度によっては、100~1000倍に希釈することもあります。

写真3―2右の顕微鏡写真に示すように、400倍でのぞいたとき、小さく球状、楕円に見えるのが光合成細菌です。細長い桿菌や大きい桿菌は乳酸菌かバシラスかその他の雑菌ですので、カウントしません。写真左はほぼ純粋な状態にまで分離培養されたときの写真です。光合成細菌の実数を数え、1視野中にいる光合成細菌の平均値を求めます。

これで、培養液中の光合成細菌の比率（純度）を大まかに知ることができます。光合成細菌の数が80~90%以上の比率であることが望ましいです。

なお、100倍、1000倍希釈液の1視野の光合成細菌の個数と、後述する乾燥菌体量（g dry cell/ℓ）や吸光度（OD_{660}）との関係を調べておけば、顕微鏡観察によって、大まかではありますが、ほぼ光合成細菌の数や純度を推定することができます。

(2) 乾燥菌体量による菌体濃度の測定

培養液中の菌体濃度は、通常、g dry cell/ℓという単位で表現されます。この数値は、1ℓの培養液中に、何gの乾燥した光合成細菌がいるかを現わします。

この測定には、遠心分離機が必要になります。

培養液中の乾燥菌体量を直接測定する場合、きれいに洗浄乾燥した遠沈管の空重量を測定します。これに5～10㎖の均一に攪拌した赤い培養液を注入し、遠心分離（10000×g・20分、3000～4000rpm・20分）を行ないます。培養液は分離するので、その上澄み液は捨て、底にたまった菌体に純水を加えてよく混ぜ、もう一度遠心分離を行ないます。再び分離するので、上澄み液を除いた沈殿物を遠沈管ごと乾燥機（105℃）に入れ、10～12時間乾燥させます。

乾燥させた遠沈管はデシケーターの中で放冷した後、一定量となった重量を測定して、計算式（欄外）によって、乾燥菌体での菌体濃度を算出します。

(3) 吸光光度法（OD_{660}）による菌体濃度の測定

液体培地に菌体が増殖すると、菌体によって液が濁ってきます。濁ることを懸濁と言いますが、この培養液の懸濁の程度を吸光光度計で測定し、菌体濃度に換算するのが、吸光光度計による菌体濃度の測定方法です。

光合成細菌の場合、吸光光度計の波長を660nmに設定し、純水によってゼロ調整をします。その後、必要に応じて培養液の希釈（普通10倍、培養液1㎖に殺菌純水9㎖加え攪拌）を行ない、培養液の吸光度を測定します。この吸光度の測定値を10倍して、OD_{660}と表示します。便利な菌体増殖の表示法です。

普通、光合成細菌の菌体濃度は、この吸光度の約半分量が乾燥菌体（計算式欄外）となります。

一般に、酵母や細菌での吸光度測定は、540nmや560nmの波長を用いることが多いのに、光合成細菌の場合はなぜ660nmの波長を用いるのでしょうか。それは、光合成細菌が光合成色素を含んでいるからです。

菌液の赤い色は含まれているカロテノイドの色。これらの吸収帯が450～600nm（カロテノイド）の吸収波長領域にあり、色素量の影響を受けやすいのです。また、光合成を行なうバクテリオクロロフィルの吸収帯は、700～850nmという長波長帯にあります。そこで、光合成細菌の吸光度測定には、もっとも色素の影響を受けにくい660nmの波長を設定しているのです。

★乾吸光光度計による菌体濃度の計算式
（OD_{660}）÷2＝〔g dry cell／ℓ〕

★乾燥菌体量（g dry cell／ℓ）の計算式
（乾燥後の遠沈管（g）－空重量（g））÷遠心分離させた液量（㎖）×1,000＝g dry cell／ℓ

4. 効果を長持ちさせる光合成細菌固定化法

光合成細菌は環境浄化、水質浄化、農業資材として有用なものですが、液体資材を投入すれば、薄まってしまうとか、流れ出てしまうなどで効果が低下し、定期的に液を注入する必要があります。この欠点を解消するために、光合成細菌固定化法がよく用いられています。

「固定化」とは、光合成細菌を寒天などの中に閉じ込めて固め、投入後も移動しにくく、またゆっくりと効果を持続するように加工することです。この固定化した光合成細菌を利用することで、光合成細菌のさまざまな効果が数カ月、長時間持続することが証明されています。光合成細菌が徐々に少しずつ固定化菌体から溶け出て、ゆっくり長時間、光合成細菌の効果が持続するためです。ここでは、誰でも簡単にできる光合成細菌固定化法を紹介しましょう。

(1) アルギン酸による固定化法

この固定化法は簡便で、効果的でもっともよく用いられている光合成細菌固定化法です。図3—7にこの固定化法の概略を図示します。

まず、市販アルギン酸ナトリウム5gを、水道水100mℓに溶かして5%溶液をつくります。なかなか水に溶けないので、時間をかけて粉末をすりつぶしてから水と混ぜ、粘土をこねるように粒々がなくなるまで、手と匙でよく混合します。この溶液が、光合成細菌を包み込んで固定するドロドロの溶液（ゾルという）となります。菌をアルギン酸で包み込み、長く生存できるようにする液です。

固定化する菌液は、光合成培養した純粋培養菌を遠心分離して、菌を粘液として回収します。この操作はもう無菌操作は必要ありません。遠心分離機の回転数によって光合成細菌が沈殿し固まります。回転スピードによって違いますが、通常3千～4千回転、20～30分で透明な上澄みと菌の粘液が分離できます。

この菌体粘液を純水に再懸濁してビーカーに流し込む。ビーカー中の菌の濃度を吸光光度計で測定し

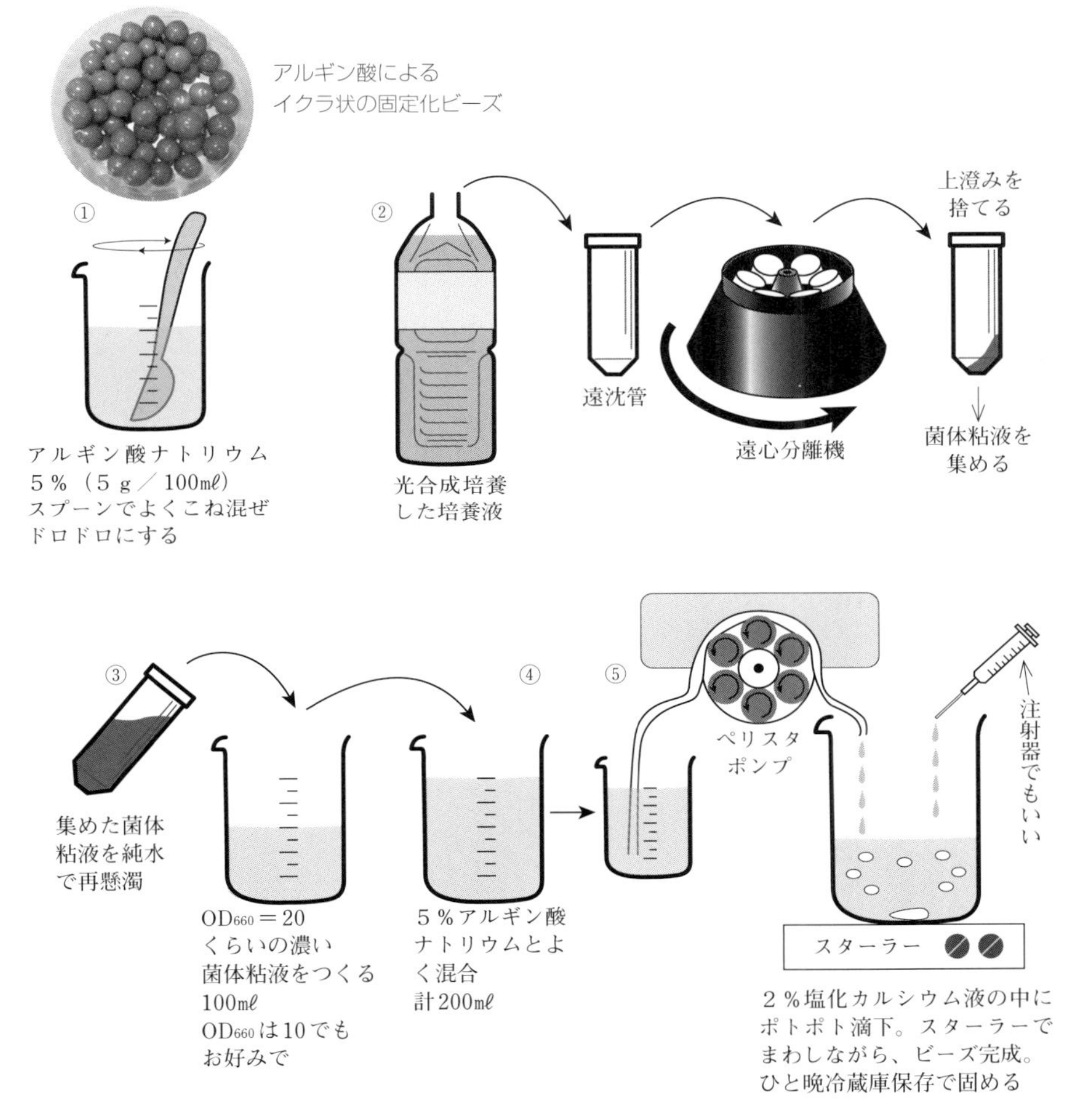

図3－7　アルギン酸ナトリウムによる光合成細菌固定化法

ながらOD_{660}＝20程度に合わせます。この操作は次のように行ないます。

まず、濁った菌の粘液を1mℓメスシリンダーに取り、純水99mℓを加えて100倍希釈とし、OD_{660}を測定します。OD_{660}が約0・2になるように、もとの濁った菌の液（1mℓを取った液　菌体粘液）を純水で薄めたり、希釈する前のドロドロの菌の粘液（ゾル）を加えて濃くしたりして濃度調整します。こうして調整したOD_{660}＝約20の菌体粘液100mℓをつくります。

その液を、前述したアルギン酸5％のドロドロの粘液100mℓに加え、計200mℓとし、よくかきまぜて均一にします。このアルギン酸と光合成細菌の菌体粘液を、注射器かスポイトを用いて、一滴、

★純水　含まれている塩類その他の不純物が極めて少ない水。蒸留水を使ってもよい。

一滴、ポトポトと、2%塩化カルシウム水溶液（$CaCl_2$ 2水和物、6・62g／ℓ水道水）に落とし込みます。こうすることで赤いビーズができます。この時、スターラーを用いて塩化カルシウム液をゆっくり攪拌しながら滴下すれば、ビーズがくっつくことなく、たくさんのビーズが調整できます。人工イクラ状のビーズです。

このビーズを冷蔵庫内でひと晩静置し、固定化を完全にします。これは、アルギン酸ナトリウム（ゾル＝ドロドロ）のナトリウムがカルシウムと置き換わり、ゲル（塊）に変化する反応です。ひと晩たつと、軽くつまんでもつぶれない、しっかりとしたビーズにすることができます。

このビーズは極めて安定しており、冷蔵保存で6～12カ月、菌が活性を保って利用できることがわかっています。

また、アルギン酸と光合成細菌の菌体粘液を、丸底の料理用計量スプーンに適量入れ、塩化カルシウム水溶液中でこまかく振動すると、直径2～3㎝の大きなビーズをつくることもできます（要技術）。この大きなビーズは排水処理や放射能除染（7章4）に用いられています。

（2）寒天による固定化法

寒天による固定化法もよく行なわれます。図3―8に示すように、寒天4gを100㎖の水道水によく混ぜて、加熱して沸騰させ完全に溶かします。この液の温度が50℃程度に冷えてきたとき、前述のアルギン酸固定化法で述べた、OD_{660} ＝20になるように調整した光合成細菌の菌体粘液（100㎖）を素早く加え、均一になるようにします。

この作業は、スピードが要求されます。素早く均一にしないと、寒天が冷えて固まり、均一にならないので注意が必要です。液温が50℃を超えていると菌が死滅してしまうので、素早くかきまぜ、45～50℃の間に均一に混ぜることが重要です。この液をタッパーなどの容器に流し込み、冷却して固定化します。固定化後この寒天固定化ゲルを、カッターナイフで2㎝×2㎝程度の大きさに切り、利用します。利用する状況によって、もっと大きくてもいいし、小さく切り取って用いてもいいです。この菌も冷蔵保存で6～12カ月保存できます。

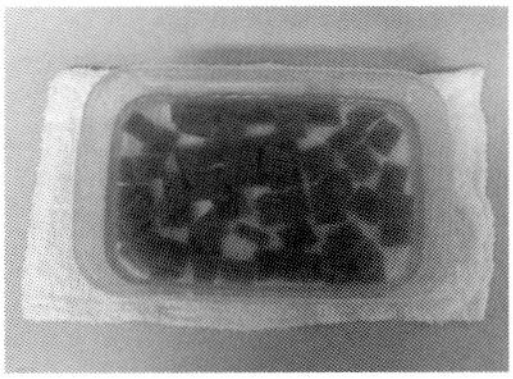

寒天による固定化

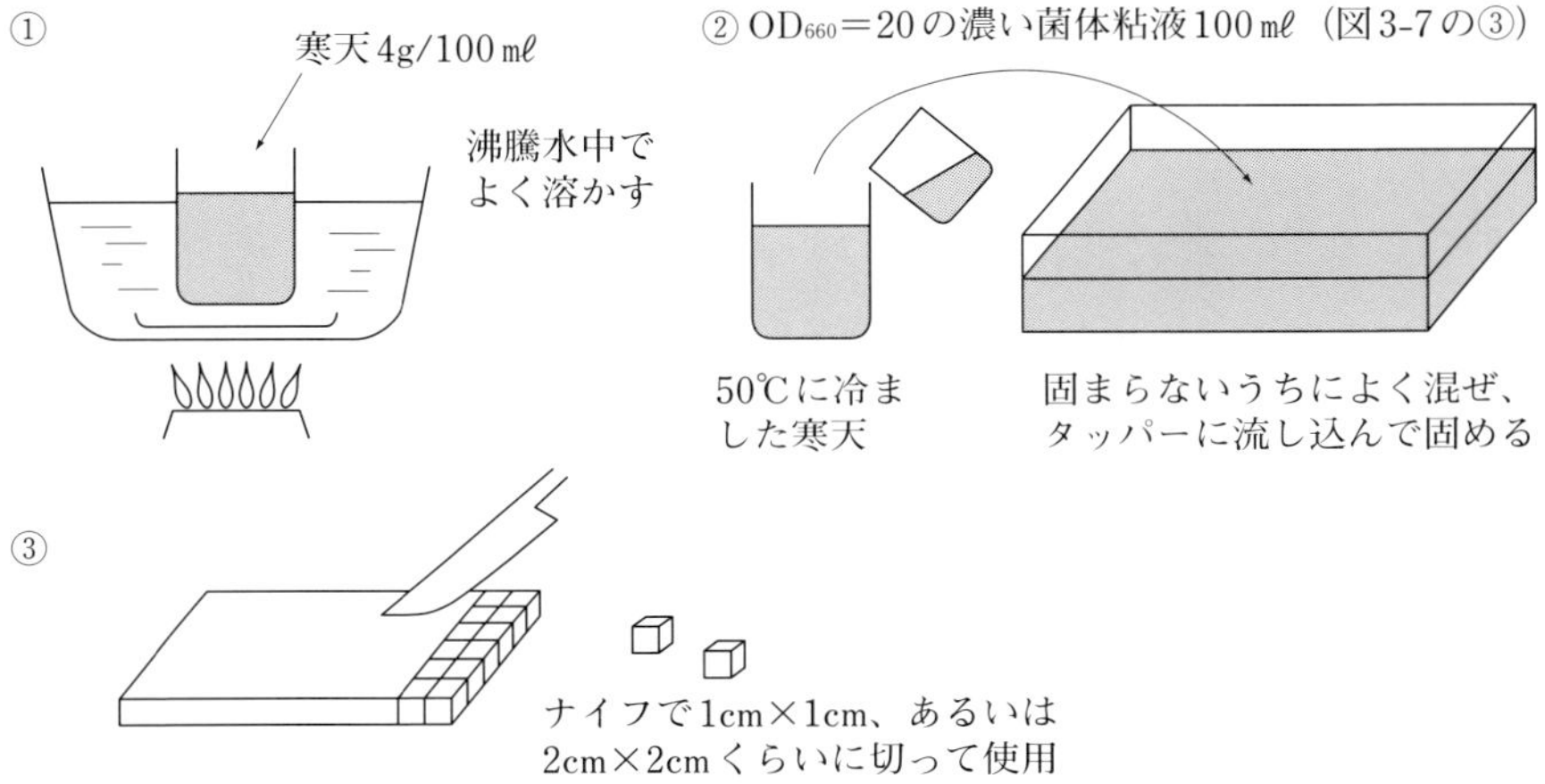

図３－８　寒天による光合成細菌固定化法

その他、ポリビニルアルコール（ＰＶＡ）とホウ酸による固定化法を用いた固定化法がよく知られていますが、上記アルギン酸と寒天による固定化法が、天然物による固定化法なので、生き物を扱う水質浄化や農業利用には適していると考えられます。

固定化光合成細菌を使った実験

水質浄化の実験

●実際にコイを飼ってみる

実験の装置は、20ℓ容の水槽の中に、図のようなエアーポンプを設置し、その中にアルギン酸固定化光合成細菌を、水質浄化膜（フィルター）の上に数個置くだけのシンプルなものです。あとは水を入れて、コイを5匹（当歳魚、体長5cm、体重約30g）程度放すだけです。比較対照のために、光合成細菌の入っていないイクラ状のビーズに置き換えた装置も設置しておきます。

私たちが行なったこの実験では、固定化光合成細菌を入れた水槽のコイは、多量のエサが投入されているにもかかわらず、水替えなしで、1カ月の間、一匹も死亡することなく飼い続けることができました。きれいな水質に維持されていることがわかります。

そのときの水質の変化を調べたのが左図の折れ線グラフです。固定化光合成細菌ビーズ30gでは不十分ですが、60gを入れた水槽では、水槽内の有機物の汚れを表わす指標であるCOD（化学的酸素要求量）、硝酸イオンや亜硝酸イオン（NO_3-N、NO_2-N）、リン酸イオン（PO_4^{3-}）が低く保たれていて、水質浄化効果が認められます。比較した光合成細菌を入れない水槽では、水質が悪化して悪臭も発生し、コイが死亡しています。

●人工下水を使ったパックテスト調査

コイを飼育しなくても、このような水質浄化実験は、中学校、高校の理科の実験で行なうことができます。水質分析は、CODや硝酸態窒素をフラスコ実験により分析できればより効果的ですが、市販の

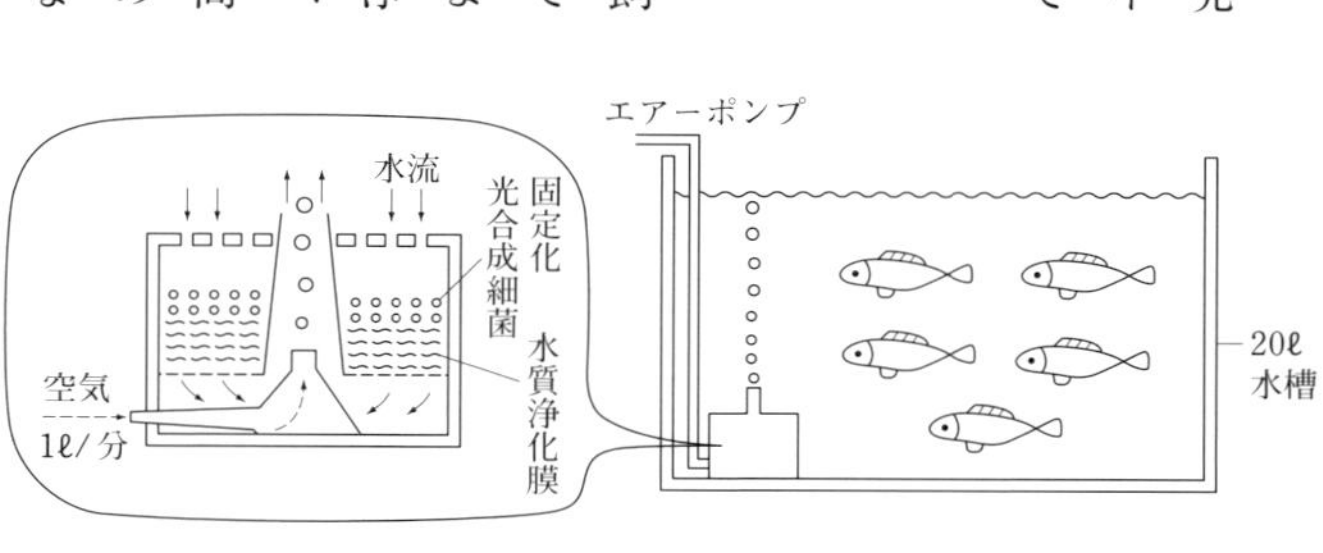

固定化光合成細菌を使った水質浄化実験（コイ5匹を飼育）

パックテスト（注1）で汚れの程度を簡単に調べて、光合成細菌の水質浄化効果を確認できます。

実験装置は同じですが、その中でコイは飼育せず、エサをやるかわりに、表のような人工下水（注2）を最初から添加して汚れた液（廃水）をつくり、固定化光合成細菌ビーズの数で水質浄化の効果の違いを調べます。CODや硝酸態窒素をパックテストで測ることにより、中学生や高校生に、光合成細菌の水質浄化効果を確かめさせる実験もできます。

いろいろな廃水（例えば工場排水、汚れた池の水）を採取してきて、通気の量も変えて処理実験をしてみるのもいいでしょう。CODや各イオン濃度をJISの分析方法で測定できれば、大学生なみの実験となります。

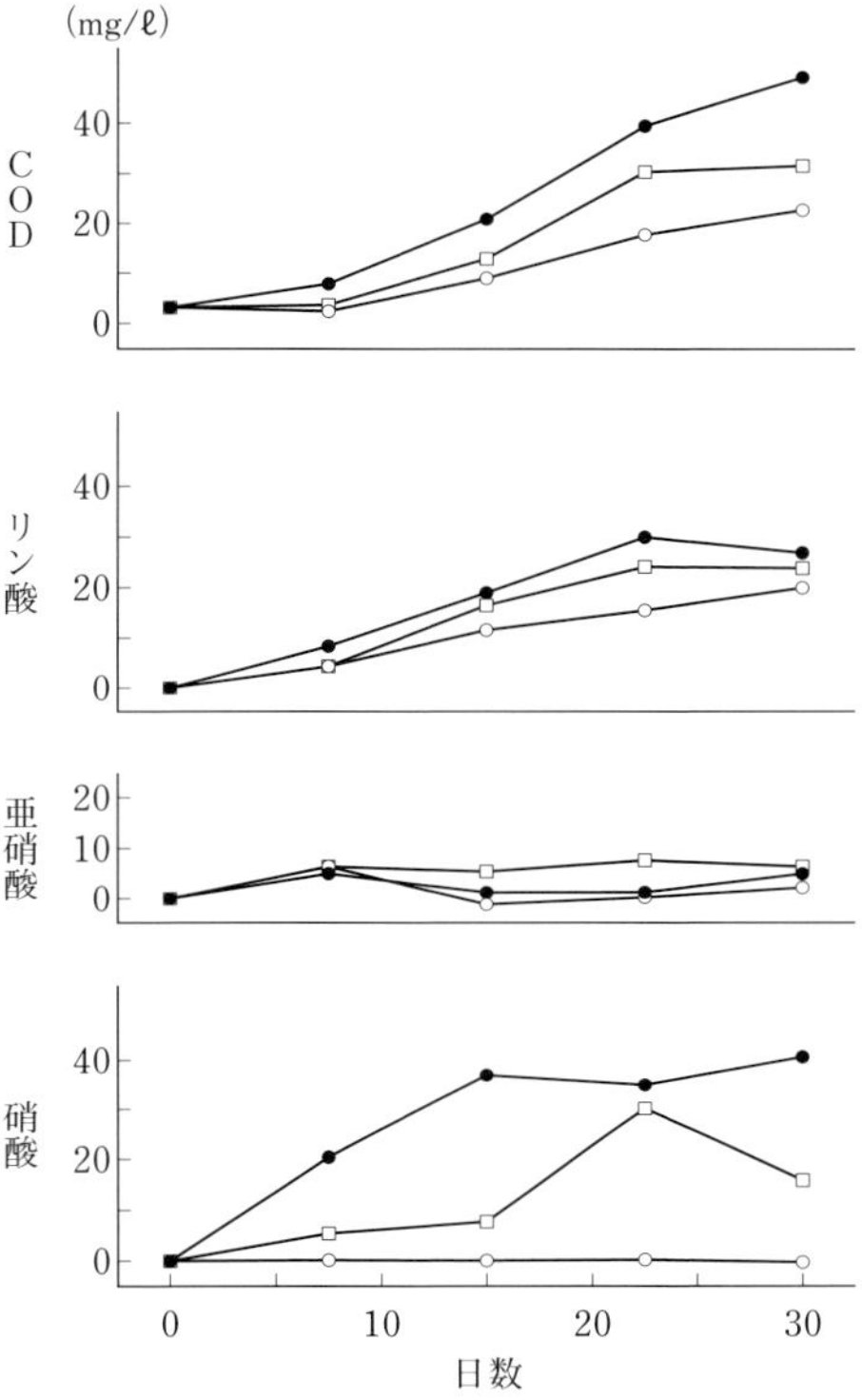

固定化光合成細菌による水質浄化

アルギン酸固定化光合成細菌ビーズを30g（□）、60g（○）を投入。●は光合成細菌を入れないビーズを投入。エサを毎日各水槽に1g投入しつつ1カ月飼育

人工下水のつくり方

材料		配合量(g/ℓ)
グルコース	(Glucose)	4.000
ペプトン	(Peptone)	0.150
リン酸二ナトリウム	(Na_2HPO_4)	0.060
塩化アンモニウム	(NH_4Cl)	0.117
硫酸マグネシウム・7水和物	($MgSO_4 \cdot 7H_2O$)	0.056
塩化アンモニウム・2水和物	($NH_4Cl \cdot 2H_2O$)	0.010

（注1）パックテスト　汚れの成分を簡単に測定できる試薬セット。小中学校の理科でよく使われ、ネット販売もされている

（注2）人工下水　排水処理の実験で使われる。廃水は日によって成分が変動するので、人工的に都市下水の成分になるように調合した下水

野菜への肥料効果

ポットに適当な量の土をいれ、室内の窓際に置いて小松菜（コマツナ）の種をまき、発芽してきたら間引いて、均一な小松菜集団として実験します。通常の肥料を添加したポット、固定化光合成細菌の添加の量を変えたポットで、小松菜の成長の速さ、収量を比較する実験も簡単に行なえます。

こうした実験で忘れてならないのが、比較のために肥料をやらない対照実験を必ずセットにしておくことです。2～3日おきの水やりもすべて均一にすることも重要です。

これは、土や水や光の状態で生育が変わるので、肥料や光合成細菌をやらない土での生育を、同じ場所で比較することが大切だからです。もともと土の中にも、少しであっても有機物などの肥料分が必ず入っているので、対照実験を行なうことでその効果がはっきりすることになります。

固定化光合成細菌でなくても、光合成細菌培養液そのものを2～3週間に一度散布しても、十分肥料効果が得られます。中学、高校の理科の実験に最適です。自分らの田の土から分離した光合成細菌で、肥料効果、成長や収量の比較を行なっても、光合成細菌の肥料効果への理解がより深まります。

窒素やリンの量を同じにして、市販肥料との比較を行なってもいいでしょう。

また、わざと水やりを少なくして乾燥ストレスを与え、光合成細菌の耐ストレス効果を試験することもできます。そのほかにも塩分濃度を変えた土壌で、小松菜の耐塩生育実験も行なうこともできます。塩分濃度は、NaCl（食塩）として0・1～1・5％（土壌重量に対し）で行なえばいいでしょう。1・5％では光合成細菌添加がなければまず植物は生えてきません。

光合成細菌は、野菜や穀物への耐ストレス付与効果が高く、光合成細菌を与えると、イネや小松菜が高温、低温、乾燥、塩分に耐えることは、われわれも実験で確認しています。固定化光合成細菌投与ではそれらの耐ストレス効果が長持ちします。この耐ストレス性は、中国やサウジアラビアの砂漠での農業復興に実用化されています。

４章　生育促進、健全育成、良食味の手助け

――光合成細菌の農業、畜産、水産への利用

光合成細菌のもっとも良い点の一つに、菌体が農業分野で有効利用できる点があります。

１９７０年代から、小林達治博士らにより、ロドバクターカプスラータの菌体を農業分野へ利用して、学術的にも大きな成果をあげてきています。

この章では、小林博士らの成果を中心に、後継者である牧孝昭氏（松本微生物研究所）および私たちの研究室での成果を紹介します。

菌体をエサに混ぜて採卵鶏に給与
（提供 久間康弘　和食のたまご本舗㈱）

1．農業への利用

(1) イネ

もっとも代表的な光合成細菌の農業への成果は、イネへの応用です。米は我が国の基本的かつ最も重要な農産物で、光合成細菌が良質な肥料として使えることが解明されたことは貴重なデータでもあります。表4—1に小林博士が報告した、光合成細菌菌体の施用が、イネの生育や収量に及ぼす効果をクロレラのデータとともに示します。

1穂重の増加

穂の成長にはさほど差はありませんが、対照（塩化アンモニア肥料）に比べ、1穂粒数や1穂重が大きく増加していることがわかります。もともと光合成細菌は水田の土壌に多く生息していますが、光合成細菌の付加的な施用が、収量増加に結びついたことは重要な結果です。

これらの小林らの研究は、弟子である牧孝昭氏らにより、松本微生物研究所でさらなる発展研究が行なわれています。1990年代になると、我が国のいろいろな企業が光合成細菌の培養や販売を始め、現在では多くの資材が出回っていますが、松本微生物研究所の農業部門への成果は小林博士の研究を引き継ぎ、学術的であり、信頼できることが特徴です。例を紹介します。

超多収穫が実現

この結果は、松本微生物研究所が販売している光合成細菌資材「オーレス」（高濃度2×10^{11}の光合成細菌）を施用したイネへの効果です。

対照区に比べて、収量つまり粗玄米重量が115％増加していることが確認され、長野県農林研究財団か

表4－1　光合成細菌菌体施用がイネの生育・収量に与える効果

（生殖成長期に追肥用肥料として施した場合。小林博士による）

処理	8月6日		9月19日		穂数	1穂粒数	1穂重（g）
	草丈（cm）	分げつ数	草丈（cm）	分げつ数			
対照区（塩化アンモニア）	64	25.6	103.0	28.0	28	66.8	1.54
クロレラ	65	28.0	101.0	27.0	23	71.6	1.75
光合成細菌	63.6	26.3	102.0	23.3	23	87.9	2.04

写真4－1　ササニシキ1ｔどり

光合成細菌を4回流し込み（山形県　油井辰雄氏）
（提供　松本微生物研究所）

写真4－2　光合成細菌のよる耐干ばつ性の比較

（左）肥料施用。ほとんど枯れている
（右）光合成細菌施用。少ししか枯れていない
窒素とリンの施用量は同じ

ら、長野公認の普及技術として認められています。また、光合成細菌により、ササニシキが10ａ当たり1ｔと安定して収穫できているところもあります（写真4―1）。

冷害にも干ばつにも強くなる（耐ストレス性付与）

　7章で述べるように、光合成細菌から生産したＡＬＡが、耐塩性、耐乾燥性、耐ストレス性を植物に与えることは学術的にも確立していますが、光合成細菌菌体そのものでも、これらの耐ストレス性は付与できます。牧氏らは、光合成細菌を用いた排水処理の菌体液を液肥として水田に利用したところ、度重なる冷害年にも被害を受けることなく、平年どおりの収量を確保できたと報告しています。

　我々も、毎年学生実験で光合成細菌ロドバクタースフェロイデスを稲作肥料に応用し、小林博士や松本微生物研究所の報告とほぼ変わらない結果、つまり、生育と米収量が無機肥料区に比べ1.2～1.4倍の増加することを認めています。

　とくに興味深かったのは、猛暑に見舞われた2013（平成25）年の実験でした。夏季休業中に水やりができずに放置状態となり、ほぼ乾燥の状態が1～2週間続いたのですが、対照の無機肥料区はイネがほとんど枯れてしまったのに対して、光合成細菌の3種類の菌の施用区はあまり枯れず、秋には十分収穫ができたという結果を得ました（写真4―2）。このことは、光合成細菌自体が、耐ストレス性を有していることの実証でした。

　これは、光合成細菌に含まれるＡＬＡと同じ、耐ストレス効果と考えています。農業現場でも、湿田や日照不足、寒気でも、多くの作物に光合成細菌の安定収穫成果が報告されており、このような、光合成細菌の耐ストレス性は、農業、とくに植物工場での作物栽培、高い品質の野菜、また機能性野菜の栽培にとって、今後重要になってくると思われます。

(2) トマト

トマトに光合成細菌を施用したときの果実収量、生育に及ぼす効果、トマト果実中のビタミンB_1およびCを、表4—2、表4—3、表4—4に示します。無機肥料だけの対照区に比べて、生育が良い、収量が良い、ビタミンB_1やCの含量が増加するなど効果が認められています。また、光合成細菌を与えると、土壌中にいる放線菌／糸状菌の比が増加することがわかっています（表4—5）。

これについては、光合成細菌が放線菌のエサとして利用されることによって放線菌が増殖し、その結果、糸状菌の割合が低下したものと考えられています。小林博士は、放線菌が多くなると、土

表4－2　光合成細菌菌体を施用した場合のトマト果実の収量に及ぼす影響（小林博士による）

		全果実数	全果実量（新鮮重g）	平均果実重（新鮮重g）
砂耕	対照区	14	729（100）	52.0
	処理区	16	805（110）	50.3
土耕	対照区	16	1,049（100）	65.5
	処理区	22	1,408（134）	64.0

注）処理区の平均果実重が対照区より低いのは、狭いポット栽培で果実が多くつきすぎたことによる

表4－3　光合成細菌菌体を施用した場合のトマトの生育に及ぼす影響（小林博士による）

		茎葉重（乾物重g）	根重（乾物重g）	茎葉／根
砂耕	対照区	57.7	15.0	3.85
	処理区	51.3	20.5	2.50
土耕	対照区	58.2	22.1	2.63
	処理区	55.1	30.3	1.82

表4－4　光合成細菌菌体を施用した場合のトマト果実中のビタミンB_1およびC含有量（小林博士による）

		ビタミンB_1（mg％）	ビタミンC（mg％）
砂耕	対照区	0.09（100）	25.6（100）
	処理区	0.12（133）	28.6（111）
土耕	対照区	0.16（100）	30.2（100）
	処理区	0.18（112）	32.6（108）

表4－5　無機肥料および光合成細菌菌体処理によるトマト栽培３カ月後における微生物数の比較

		細菌[1]	放線菌[1]	糸状菌[1]	放線菌／糸状菌
砂耕	対照区	3.8×10^5	1.0×10^5	18.0×10^4	0.56
	処理区	9.0×10^5	1.2×10^5	4.0×10^4	3.0
土耕	対照区	8.5×10^6	5.2×10^5	5.0×10^5	1.0
	処理区	16.3×10^6	23.0×10^5	15.0×10^5	1.5

注１）計調数/g

表4－6　富有柿の果重と成分（小林博士による）

	果数	果重（kg）	1果平均重（g）	果色（H.C.C）1)	水分（%）	糖度（Brix）	酸量2)（%）	還元糖量2)（%）	非還元糖量2)（%）	全糖量2)（%）
対照区（無機肥料）	32	7.1	222	12	84.7	14.7	0	10.82	2.34	13.16
処理区（有機肥料）	43	8.2	191	13	83.3	16.4	0	12.56	2.57	15.13

注1）果色：12　Orange（橙黄色）、13　Saturnred（朱橙色）　注2）新鮮重当たり
有機肥料区は光合成細菌菌体を施したもの

表4－7　富有柿の果皮のカロテノイド量（mg/100g新鮮重）
（小林博士による）

	β-カロテン	リコペン	クリプトキサンチン	ゼアキサンチン	計
対照区（無機肥料）	3.11	2.77	13.02	7.68	26.58
処理区（有機肥料）	2.93	4.24	15.67	8.97	31.81

表4－8　普通温州ミカンの果重と成分（小林博士による）

	果数	果重（kg）	1果平均重（g）	果色（H.C.C）1)	糖度（Brix）	酸量（%）	甘味比	還元糖量2)（%）	非還元糖量2)（%）	全糖量2)（%）
対照区（無機肥料）	44	4.2	96	8	10.2	1.56	6.5	3.22	5.16	8.38
有機肥料　5.6.7月処理区	45	4.7	104	8	11.1	1.44	7.7	3.35	5.6	8.95
有機肥料　6.7月処理区	42	5.2	123	8	10.9	1.29	8.5	3.42	5.48	8.9
有機肥料　8月処理区	48	5.4	112	9	10.6	1.35	7.9	3.30	5.27	8.57
有機肥料　9月処理区	43	4.6	106	9	10.5	1.57	6.7	3.34	5.25	8.59

注1）果色：8　Cadmium Orange（淡橙黄色）、9　Tangerine Orange（橙黄色）　注2）新鮮重当たり
有機肥料区は光合成細菌菌体を施したもの

壌中の病原菌であるフザリウム、ビシウム、リゾクトニアなどを溶菌して減らし、病気をおさえる効果があると考えました。重要な指摘だと思います。

このことが、トマトの収量、生育、果実の品質改良に効果を現わしていると考えられています。

(3) 富有柿

光合成細菌の富有柿への肥料効果を表4—6、表4—7に示します。収量増加だけでなく、糖度の上昇、味、つや、色などの品質も良くなること、光合成細菌の赤色の色素であるカロテノイド（ニンジンの赤色成分の仲間）も柿に増加することが明らかとなっています。

(4) ミカン

温州ミカンの肥料効果と果重と成分に及ぼす光合成細菌の効果を表4—8、表4—9に示します。対照の無機肥料に比

表4－9　普通温州ミカンの果皮のカロテノイド（mg/100g新鮮重）
（小林博士による）

		Phyto-fluence	β-カロテン	δ-カロテン	クリプトキサンチン	ビオラキサンチン	計
対照区（無機肥料）		0.26	0.072	0.275	1.073	0.264	1.944
有機肥料	5.6.7月処理区	0.248	0.081	0.268	1.068	0.248	1.913
	6.7月処理区	0.256	0.078	0.259	1.082	0.257	1.932
	8月処理区	0.274	0.083	0.284	1.094	0.283	2.018
	9月処理区	0.271	0.075	0.286	1.089	0.280	2.001

べ、光合成細菌を与えたほうが、果実収量、糖度ともに増加しており、色が鮮やかで、つやが出て、カロテノイドも増加することが認められました。

これは光合成細菌に含まれているカロテノイドが土壌中の微生物により分解され、それがミカンに再吸収されミカン色素合成に再利用されたことが、放射性^{14}Cを用いたトレーサー実験により明らかにされました。光合成細菌が確実に肥料効果、品質改良効果をあげていることが確認されています。

このような結果は、ミカンばかりでなく、トマト、スイカ、メロンなど、カロテノイドを多く含む果実には共通して認められる現象で、大変重要な成果です。

さらに、ミカンは貯蔵性がよくないとされていますが、光合成細菌を与えた場合、貯蔵期間を20個のミカンで調べた結果、化学肥料だけを与えた対照区が、約2カ月で40％のものが腐敗し、3カ月ではほぼすべて腐ったのに対し、光合成細菌を7月、8月、9月と3回施用したミカンは、翌年の5月になってもまったく腐らず、貯蔵性が極めてよくなることも確認されています。室温放置なので、皮は乾燥して中身の果汁は濃縮され、小さくはなりましたが、腐ることはありませんでした。

これは、光合成細菌を施用すると、土壌の放線菌などの微生物がこれをエサとして繁殖し、貯蔵性に好影響をあたえることと、光合成細菌菌体に含まれているアミノ酸や核酸、カロテノイドなど、ミカンの細胞を活性化する成分によって、腐敗防止効果が起こるものと推定されています。

(5) 畑作物、イチゴ、メロン、レタス、トマト、ナス、キュウリ

光合成細菌資材であるオーレスを散布することにより、図4―1に示すように、オーレス粉末、オーレス液体、オーレス粉末、液体併用施用ともに、対照（無機肥料のみ）に比べ、イチゴの収量を1・2〜1・3倍に増大させることが可能です。また、色、

★松本微生物研究所
〒390—1241
長野県松本市新村2904
TEL 0263—47—2078

つやなどの品質、ビタミン類の増加なども認められています。

これらと同じような効果が、メロン、トマト、ナス、キュウリ、レタス、ミカンなどでも認められており、小林博士らの研究の確かさを学術的にも証明できています。光合成細菌資材のオーレスは、松本微生物研究所から販売されている商品です。

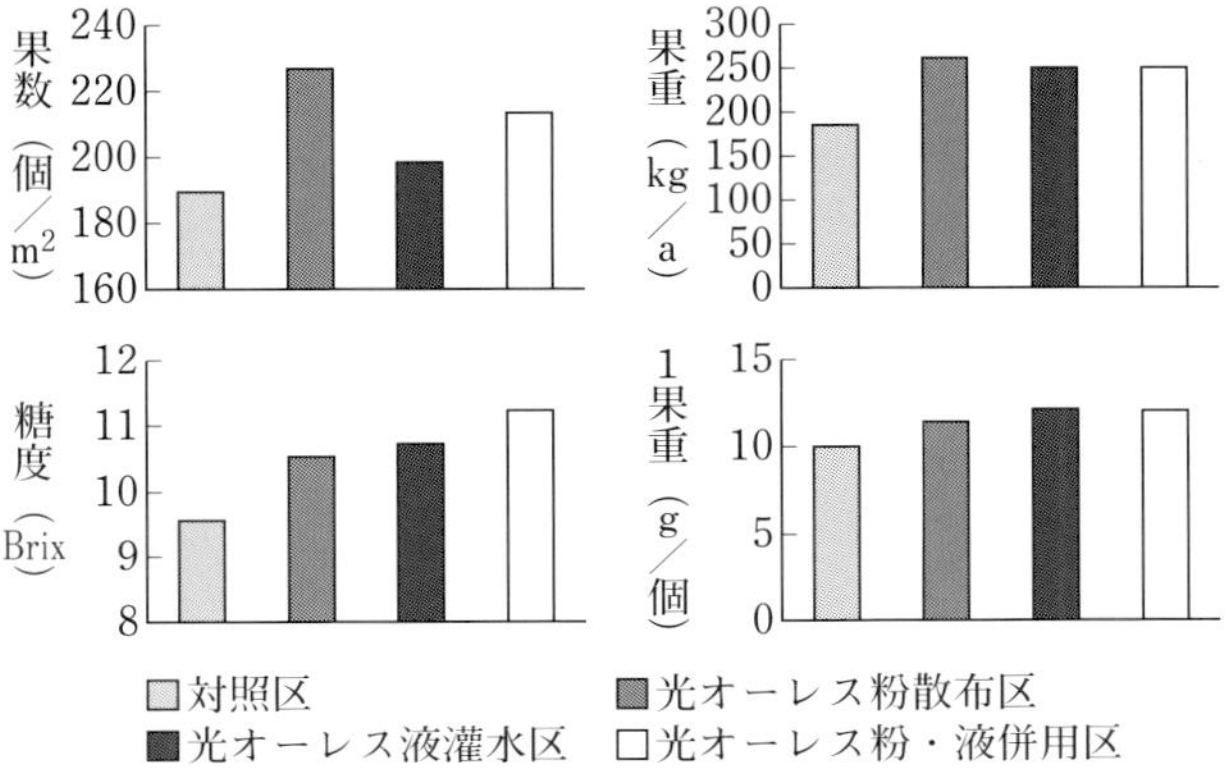

（長野県野菜花き試験場）

図4－1　光合成細菌（光オーレス粉）のイチゴへの施用効果

私たちも、広島国際学院大学大学ベンチャー企業「（有）名水バイオ研究所」で、環境浄化用、農業肥料用、放射能除染用（後述）の光合成細菌を、学術成果をもとに販売しています。

2. 養鶏の産卵促進、卵の品質改良、畜産飼料としての利用

(1) 採卵鶏

小林博士らは、光合成細菌（カプスラータ）を養鶏に用いて、産卵促進や卵の品質が良くなるなどの多くの成果を上げています。

産卵鶏にとって最高の飼料を対照とし、それに光合成細菌の低温乾燥菌体を、飼料の1万分の1、5000分の1、2500分の1添加して、生まれた雌雛から与えました。6カ月後に産卵をするようになってからの、平均産卵率の調査があります。

詳細なデータは省きますが、その結果、光合成細菌処理区のものは対照区よりも産卵率は十数%増加していました。これはくり返し実験からも確認され

★ハウユニット係数　濃厚卵白の盛り上がりの高さをいう。計算式「卵白の高さ／殻付き卵の重量」

ました。さらに、卵の品質をみると、処理区の卵黄の黄色度合いはカロテノイド含量が増加するので、非常に良くなっており、ビタミンA含量も対照区より20％増強しました。

黄身（卵黄）も大きくなり（卵黄指数は処理区で一般の0・45を上回っている）、さらに、鮮度保持の良さを示すハウユニット係数も、処理区のほうがかなり良いことがわかりました。これは卵白が卵黄をしっかり取り巻いているからです（対照区71・3＋－2・5、処理区84・8＋－2・1。産卵開始6カ月後）。これが卵の保存性を高めているものと思われます。

配合肥料にはもともと総合ビタミン剤が混ぜられており、卵黄指数は一般の卵より高いのですが、これよりいい結果が光合成細菌で得られたことについて、小林博士は、光合成細菌菌体には、ホルモン活性化物質やその他未知物質が含まれている可能性があると指摘しています。また、光合成細菌を与えた鶏は、長く卵を産み続けることも明らかになっています。

松本微生物研究所では、図4－2に示すように、光合成細菌を与えた鶏の卵は、卵黄のコレステロールが12～13％減少しました。また、動脈硬化を促進

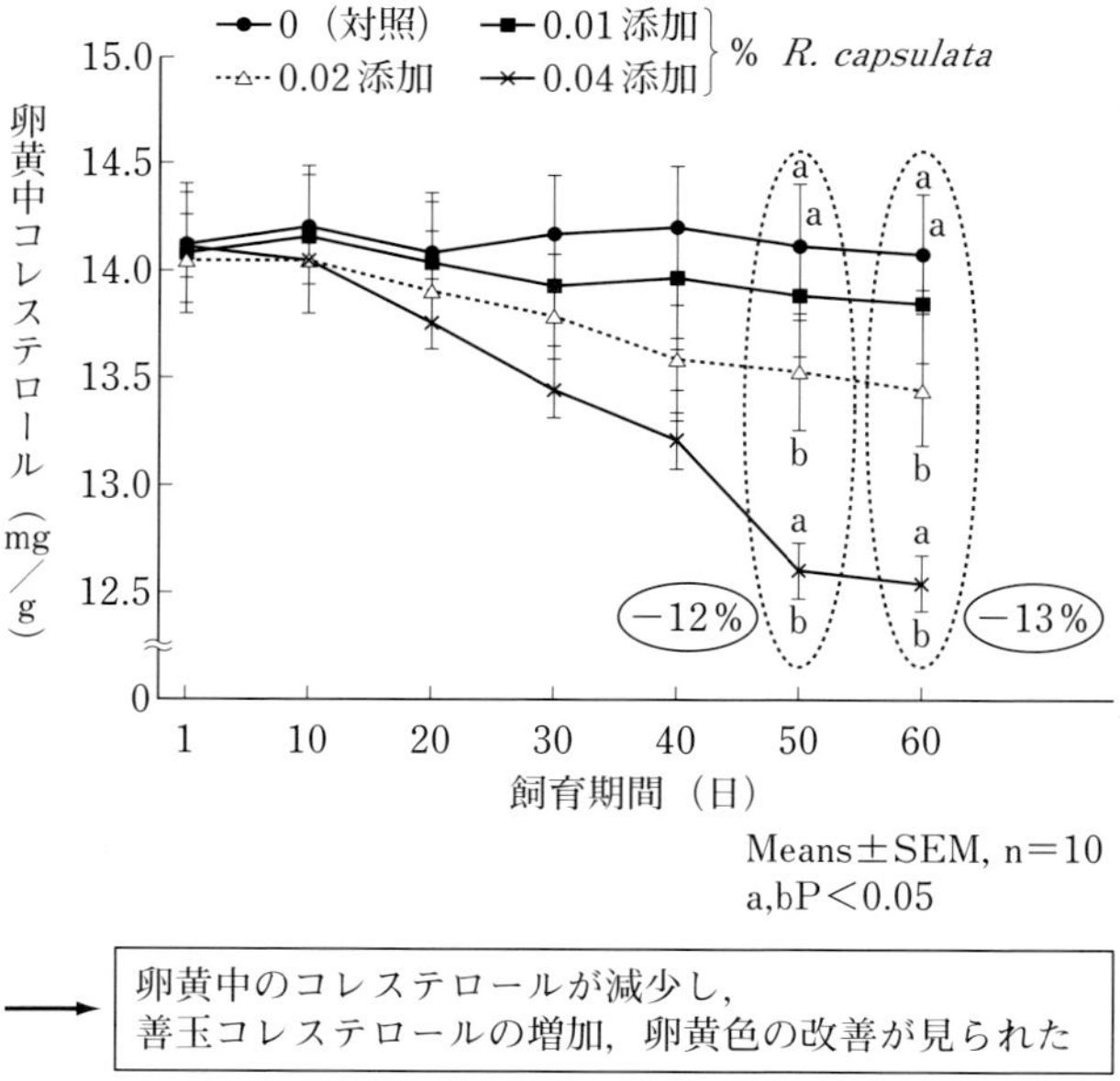

図4－2　光合成細菌添加による卵黄中コレステロールの推移（松本微生物研究所による）

ロドバクター　カプスラータ乾燥菌体をそれぞれ0.01、0.02、0.04％添加

するといわれているコレステロールＬＤＬの減少や、善玉コレステロールであるＨＤＬの増加、さらに卵黄の色などの改善効果も認めています。ＬＤＬの摂取を少なくすることは、健康維持に大切とされています。つまり、健康卵が生産できるというわけです。

(2) 牛飼育

光合成細菌は、畜産関係の飼料としても多くの実績があります。古くは、電力中央研究所で光合成細菌を牛の飼料として用いることも行なわれて来ました。光合成細菌を牛の糞尿処理で生産し、水質浄化して、副生した光合成細菌を液体飼料として水代わりに与えることで、子牛の成長促進効果の大きいことが知られています。また、肉質も良くなること、糞のにおいが低減することも報告されています。牛糞尿の完全リサイクル利用の例です。

さらに、『農家が教える　光合成細菌』（農文協刊）によれば、農家の現場での実用的な結果ではありますが、豚舎に光合成細菌をシャワーして、においの低減、病気が出なくなったなどの効果が2例も報告されています。

また、この本には、農業への応用例が数多く報告されています。光合成細菌液肥でキュウリ、イチゴの多収穫、牧場での牛の病気の低減、養鶏場の環境浄化とにおい低減および卵の品質改善、種もみの発芽促進効果などが報告されています。稲作への応用も4例報告され、いずれも悪条件の田での収穫改善、食味の改善など、小林博士や牧氏らの報告と一致する効果が実際の現場で数多く得られております。

海外でも多くの報告が発表されています。タイ国では光合成細菌の農業への応用が進められており、とくに光合成細菌が耐塩性を向上させる性質を利用して、塩濃度がやや高い土壌に使用することにより、イネの収量増加が報告されています。

また、水田からのメタンガス発生が抑制され、米が良くできるという報告もあります。廃棄された稲わらを、この光合成細菌を用いて分解したもの（堆肥）を製造しており、タイ国では循環型農業の一つの手法として注目されています。

このように、光合成細菌は農業肥料、畜産関係の飼料、環境浄化資材としても優れた機能を持っているのです。光合成細菌は、その素晴らしい能力、機能性、耐ストレス性で、21世紀の中東、アフリカを含め、世界中の農業を変える、そんな予想をしております。

(3) 菌体成分の養魚飼料への利用

光合成細菌の菌体成分は、タンパク質含量やビタミン類に優れているばかりでなく、飼料として用いると抗ウイルス作用があることも、小林博士らにより報告されています。

①養魚飼料としての利用

光合成細菌は養魚飼料として、我が国では1980年代から愛媛県の養殖場ではハマチ、トラフグ、タイなどのエサに、また、浜名湖周辺のウナギの養殖にも多く用いられてきました。私たち名水バイオ研究所も光合成細菌を、これら魚の養殖用に、1990年から2005年にかけて、多く出荷し好評を得た実績があります。

光合成細菌を飼料に混ぜて与えることで成長が早まり、短期間で出荷できるだけでなく、魚の鮮度が落ちにくい、病気になりにくいなどの、多くの良い効果が現場で報告されています。現在でも主に韓国では、これらの魚の養殖に多く用いられています。やや汚れた海での養殖には、病気予防に効果があるそうです。

光合成細菌は水質浄化機能もあり、現場での水質浄化にも効果があるといわれます。病気予防には、光合成細菌の耐ウイルス活性が効果を上げているといわれています。

表4−10に、フナの飼育で生存率に及ぼす光合成細菌の効果を示します。稚魚の飼育ではよくへい死が問題になりますが、光合成細菌のエサで、生存率が大きく改善されていることがわかります。

我々の研究グループも、光合成細菌ロドバクタースフェロイデスをティラピアと金魚の養殖に用いる実験を1980年代に行ないました。表4−11に結果の一部を示しますが、光合成細菌を飼料に混合して与えたところ、ともに成長率が著しく促進されて、体重増加も多いことがわかりました。また、ティラピアの生殖器を詳しく分析したところ、メスでは卵巣が発達し、卵の量も多くなっていることがわかりました。また、オスでは精巣の発達が促されていることが明らかとなりました。

経験的に、光合成細菌を与えると、魚の子どもがたくさん生まれるといったことがいわれていましたが、光合成細菌に、生殖器の健全化を促す何らかの成分が含まれていることは確かです。後述しますが、光合成細菌に豊富に含まれるコエンザイムQ10が効果を現わしているのではないかといわれています。

光合成細菌の養魚への応用は、その他、フナ、レンギョ、ニジマスなどへの成長促進効果、死亡率低下などが報告されています。

表4－10　魚類（フナの仔魚）の生存率に与える光合成細菌添加の効果[1)]

	1カ月後の生存数	生存率（%）
対照（配合飼料）	2,722	69.3
光合成細菌添加[2)]	3,860	96.5

注1）実験は2t水槽に4,000匹を入れて行なった
注2）配合飼料に光合成細菌の生菌体0.1%添加

表4－11　光合成細菌の、ティラピア養魚、金魚養魚に対する成育促進効果

		対照（通常のエサ）	光合成細菌混合 50%	光合成細菌混合 70%
ティラピア	長さ（cm）、平均	5.91	6.82	5.73
40匹	体重（g）、平均	5.30	7.35	6.10
60日	エサ消費（%）、平均	70.8	78.3	64.8
飼育	増殖率（%）、平均	7.62	11.0	9.17
	生存率（%）	100	100	100
金魚	長さ（cm）、平均	5.28	5.43	5.49
60匹	体重（g）、平均	15.4	17.7	18.5
122日	エサ消費（%）、平均	3.72	3.38	3.20
飼育	増殖率（%）、平均	9.82	11.70	12.4
	生存率（%）	100	100	100

②錦鯉の養殖、色揚げ

光合成細菌は、錦鯉のエサとして我が国では広く用いられてきました。鯉の成長促進効果、ウイルスによる病気予防効果に加え、美しい赤を発色させるために、光合成細菌のカロテノイド色素による錦鯉の色揚げに広く用いられています。また、光合成細菌は水質浄化の効能があり、水もきれいに保てるということからも、現在でも多くの養鯉業者に用いられています。

③メダカの健全飼育、繁殖促進

最近、光合成細菌をメダカの養殖に用いる例も増えてきました。メダカは、最近ではいろいろな種類のものが愛好家でブームとなり、1匹数万円から数十万円のものも現れ、安全に飼育したり、繁殖さ

せて子どもを多くつくり、短期間で販売する業者も増えてきました。光合成細菌の水質浄化能力と繁殖促進効果が認められ、広く用いられてきています。光合成細菌（ロドバクター　スフェロイデス）による、魚の生殖機能の活性化は、我々がティラピアへの投与実験で確かめています。

④クルマエビの養殖

また、松本微生物研究所は、前述のように光合成細菌の農業利用では多く実績を上げていますが、水産関係の利用にも実績があります。例えば、クルマエビの養殖に光合成細菌の利用があります。光合成細菌資材のオーレス（主にロドバクター　カプスラータ。小林博士と共同開発）を用いて、成長促進効果と病気予防効果を確認しています。光合成細菌の高ウイルス活性と水質浄化能力が、これらの効果を及ぼしていると考えられています。

このように、光合成細菌は水産関係の利用にも多く用いられており、今後、抗ウイルス活性の仕組みの解明やＲＮＡ（リボ核酸）の免疫強化への応用が進めば、今後、より一層、水産飼料としての利用が活発化するものと思われます。

⑤ミジンコ、ワムシの飼育

ワムシは、魚養殖現場で幼魚のエサとしてよく利用されます。ワムシ栽培は養魚養殖の重要プロセスですが、このワムシの栽培にも光合成細菌が利用されました。ワムシの栽培にはよく酵母やクロレラを使っていますが、光合成細菌で栽培するとカロテノイド含有率の高いワムシが飼育でき、生育も良好です。酵母やクロレラを使ったときよりも密度の高いワムシ栽培ができ、効率的生産が可能であることが明らかとなっています。

このように、光合成細菌は水産関係の飼料としても優れた機能を持っていることが明らかになっています。

5章　環境浄化への利用

汚れのひどい排水・油・ヘドロ・重金属処理まで

光合成細菌の最大の特徴、それは環境浄化ができ、しかも副生菌体（バイオマス）が資源としてリサイクル利用できることです。とくに、通常ではできないひどい汚れの排水も一気に浄化して、資源化してくれます。

重金属汚染も何のその、光合成細菌の菌体内に吸収・蓄積された重金属を回収することによって、再び資源として再利用できるのです。光合成細菌による環境浄化、再資源化の歴史を踏まえ、最新の技術を紹介します。

光合成細菌の標準的な稼働中の排水処理装置（水産加工排水、台北（台湾））。余剰汚泥は台湾高山茶の有機肥料として活用。優良茶を生むと好評

1. 自然のなかでの環境浄化

まずは、自然の環境浄化に、いかに光合成細菌が活躍しているか、そこから話を始めることにしましょう。光合成細菌をはじめとする下等といわれた細菌たちが、見事な連係プレーで環境を浄化している姿が浮かび上がってきます。

図5―1に、自然のなかでの光合成細菌による環境浄化の仕組みを示しました。この図は、水が停滞した湖をモデルに物質の動きを追ったものです。水や土壌のなかには、納豆菌や乳酸菌などの細菌がたくさんいます。もちろん光合成細菌もいます。

水や土壌に混入した有機物などの汚れは、まず、いろいろな細菌、例えば納豆菌や乳酸菌などの作用によって分解されて、小さな低分子の汚れ（有機酸など）になります。こうして低分子になった汚れは、光合成細菌によってさらにとことん分解され、二酸化炭素（CO_2）に変えられて大気中に放出されます。

また、窒素分の汚れは、細菌の作用でアンモニア（NH_4）に変えられ、さらに硝酸イオン（NO_3^-）に分解されます。この窒素分を光合成細菌が菌が吸収したり、硝酸イオンを窒素ガス（N_2）まで還元して、大気中に放出します（「脱窒」）。こうして、光合成細菌をはじめとする細菌たちは、水や土壌の汚れを分解し、取り除いて環境をきれいにしています。

ただ、それだけでは、大部分はよくても、一方ではよくないことが起こります。細菌による有機物の分解の際には、硫化水素（H_2S）が多く発生するからです。汚れた溝や下水から、硫黄のにおいがするのを経験した方は多いでしょう。これは、主に硫化水素です。ヒトをも殺す有毒物質です。これを光合成細菌は硫黄（S）まで戻して無害化し、生物が多く生息できる環境を保っているのです。

こうした自然の営みを解明したり、光合成の研究材料としてごく一部の研究者にしか扱われていなかった光合成細菌を、世界で初めて排水処理に応用し水質浄化を行なう実用的設備を開発したのが、京都大学の小林達治博士でした。

2. 高度の汚水も薄めずに浄化できる

(1) 光合成細菌を用いた排水処理装置のあゆみ

小林博士が開発した、世界初のユニークな排水処

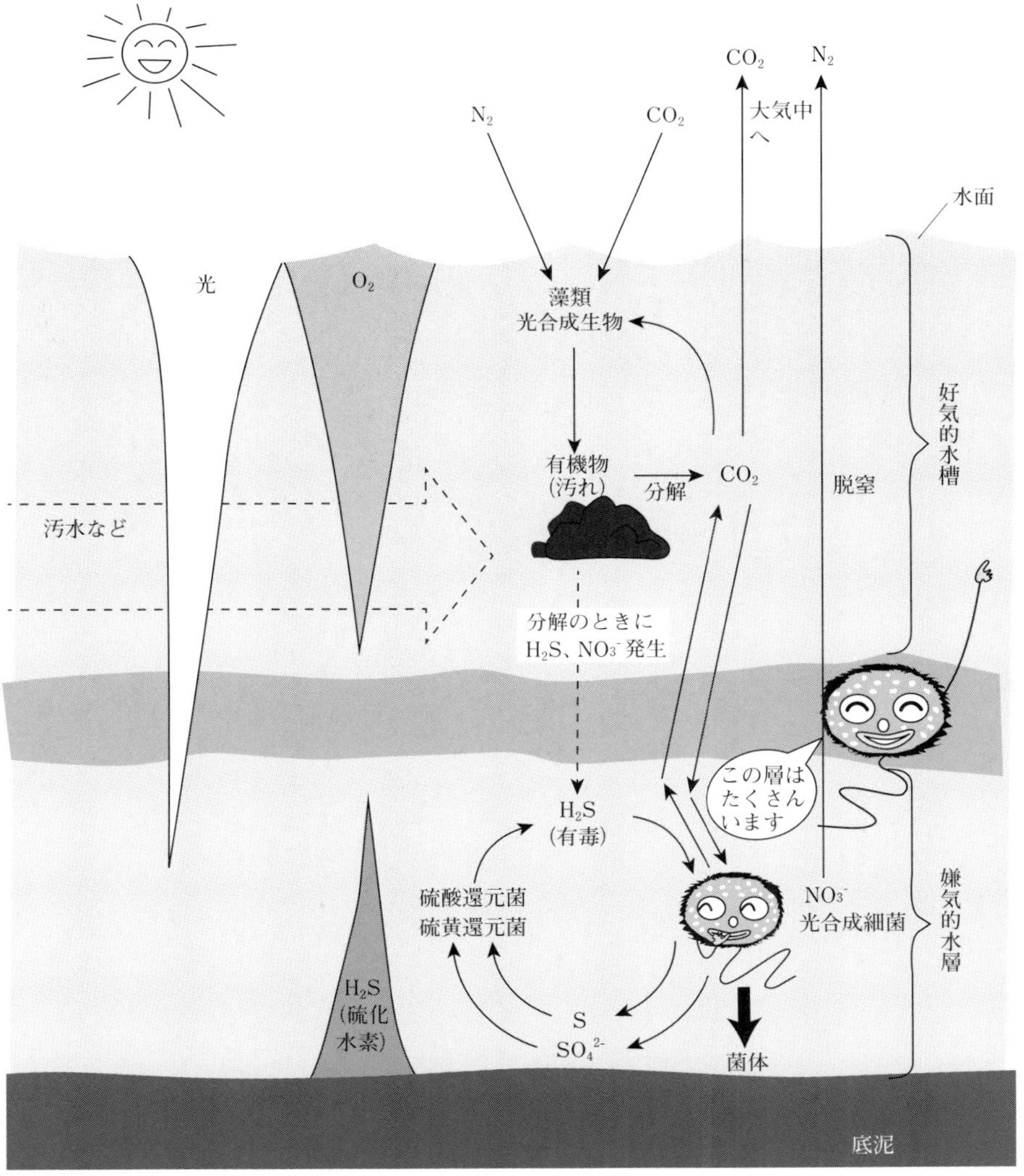

図５－１　光合成細菌による環境浄化の仕組み

★光合成細菌カートリッジ　光合成細菌をメッシュ状の筒か袋（カートリッジ）に充填したもの。使用後の入れ替えが簡単にできる。

理の概要を図5―2に示します。一番上が、開発初期の装置です。

この装置は、主に有機物汚れのひどいし尿や食品排水処理を対象としたものでした。しかもこの処理施設では、処理によって出ていた余剰汚泥、すなわち光合成細菌の塊は、タンパク質、アミノ酸、ビタミン類が豊富なことから、魚や動物のエサ、また農業肥料として利用できる、まさに一石二鳥の利点がありました。排水を再資源化できる、現在の、バイオリサイクルという概念を先取りする画期的な排水処理法でした。

当時、処理によって発生する膨大な活性汚泥は、焼却して埋め立てに使うしかありませんでした。エネルギーや資源の大変な無駄です。ただ、小林方式では光照射が必要であったことや、クロレラなどの藻類を培養する三次処理が必要で、やや複雑なものでした。

その後、東京都立大学の北村博博士らは、小林博士らの装置を改良した、図の中段に示した光照射を不要とした、好気処理専用の光合成細菌処理施設を開発しました。

それができたのは、好気条件でよく増殖する光合成細菌（ロドバクター　スフェロイデス）を新たに分離採用したからで、光照射も不要となり、より簡便で効率的となりました。菌の栄養価もすぐれたもので、動物飼料や農業肥料に十分使えるものでした。しかし、光合成細菌を定期的に供給しなくては処理槽内の光合成細菌の優占が得られないこともあり、今では排水処理の主流となっている、活性汚泥法に代わってゆきました。

一番下の図が、私たちが開発した処理装置です。光合成細菌の良さ（多くの排水処理に使える、高濃度排水処理も可能）を活用したいと、光合成細菌を固定化（光合成細菌カートリッジ）して長持ちさせる方法を開発しました。コンパクトな装置で排水処理が可能となり、光合成細菌の供給も長期間行なわずにすみます。しかも、固定化した光合成細菌カートリッジの表面では好気処理、内側は嫌気処理と、二つの処理が同時に行なわれるために、脱窒（図5―1参照）によって窒素分も除去できます。

この方法は主に小型の排水処理や、食品排水処理場の前処理かサブの簡易処理法として、現在、次第

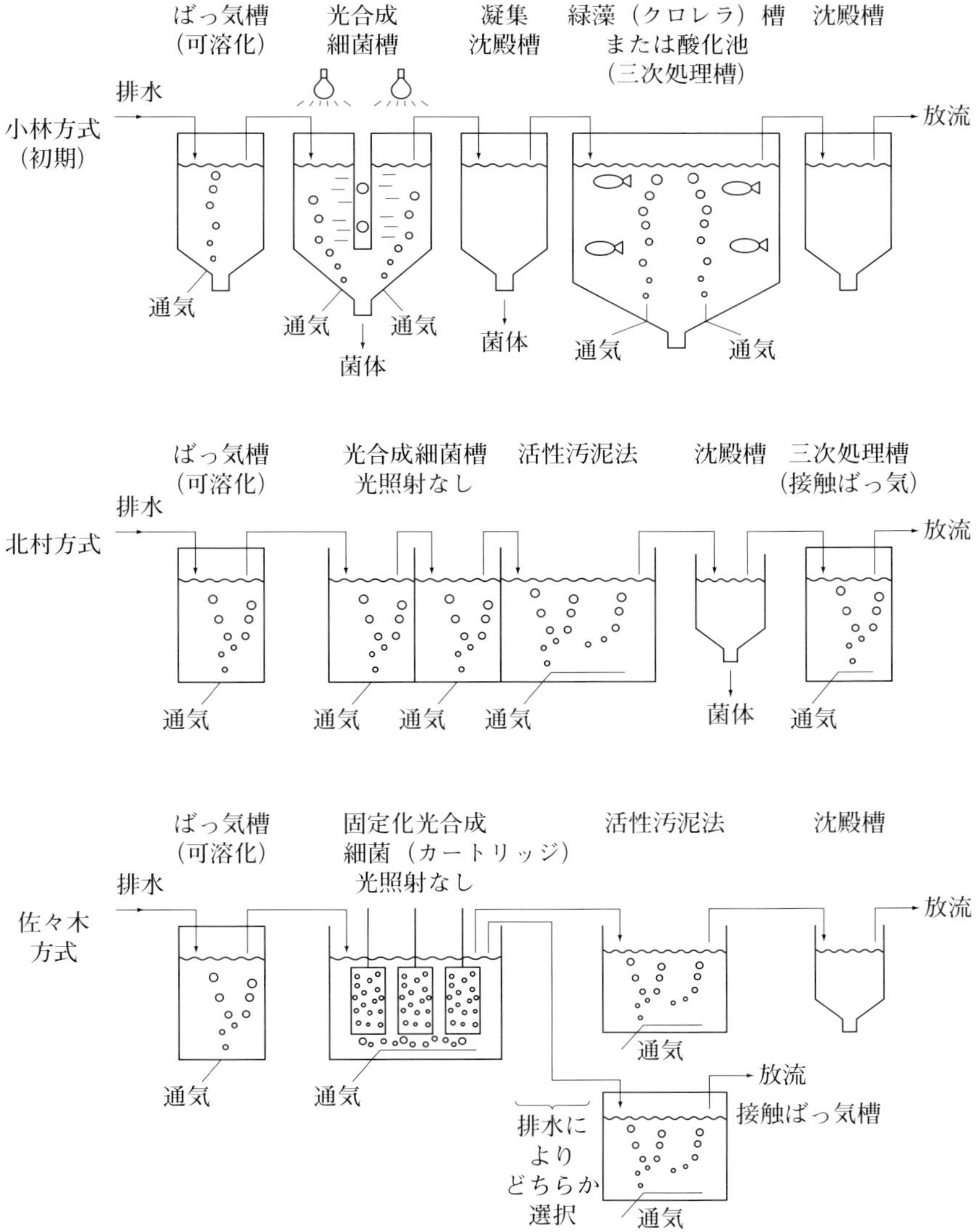

図5－2　光合成細菌による実用的排水処理の変遷

に普及しつつあります。

(2) 高濃度排水を無希釈で処理可能に

光合成細菌による排水処理の最大のメリットには、高濃度排水を無希釈で処理できることがあげられます。しかも副生する菌体は飼料や肥料に利用できます。この特性は、食品排水処理に適していいます。一般に行なわれている活性汚泥法では、排液の濃度が高い食品排水の場合は水で希釈し、ＢＯＤを約2千～3千ｐｐｍ（mg／ℓ）以下にしないと処理できません。つまり、処理水量が3～4倍に増加するため、設備が大型化してしまいます。

また、窒素分の多い排水が多く、処理後に残る活性汚泥も多く排出されるため、この処理にコストがかかる問題点が、食品排水処理にはのしかかっていたのです。その点、光合成細菌処理は、高濃度排水を無希釈で処理でき、設備がコンパクトなため、中小企業が多い食品工場の排水処理には適したものでした。汚泥（光合成細菌菌体）に含まれる窒素分も、N_2に変えて空気中に放出するので、それほど多くありません。また、海水の3分の2程度の塩濃度（約2％程度）なら、光合成細菌による処理は十分可能です。

食品工場での光合成細菌による処理例を、表5―1にまとめました。とくに、ＢＯＤ1万ｐｐｍを超える高濃度の排水を、光合成細菌処理により無希釈で浄化できていることがわかります。処理後に残った菌体も利用できるので、素晴らしいコンパクトなリサイクルシステムと考えられます。残念ながら、我が国では菌を肥料や飼料に使うシステムが発展せず、菌体が廃棄物となってしまったことと、装置の運転に専門的な知識と技術が必要で、大きな広がりを見せてはいません。活性汚泥に比べて運転がややむずかしかったからです。

しかし現在、中国や韓国やタイでは盛んに応用研究が進められています。これは、水産加工排水、食品加工排水、豚糞尿排水、デンプン工場排水処理とＳＣＰ（菌体タンパク）の生産がこれらで実用化されつつあり、農業への利用も盛んに行なわれつつあります。しかも、ある国の研究者たちは約40年前の小林博士、北村博士、我々の先駆的研究は無視して、自分たちこそ開発者というスタンスで世界中で研究

表5－1　光合成細菌による食品工場排水処理例（小林達治、小林正泰ら）

	水産缶詰工場排水			ゆでめん工場排水			豆腐工場排水		
	BOD	COD mg／ℓ	TOC	BOD	COD mg／ℓ	TOC	BOD	COD mg／ℓ	TOC
原水	12,250	—	4,340	11,800	3,500	3,460	11,300	9,800	—
光合成細菌処理後	325	—	292	320	165	108	340	270	—
放流水	18		12	25	32	7.4	15	17	—
使用光合成細菌	スフェロイデスS			スフェロイデスS			カプスラータ		

	酵母工場排水			製あん工場排水			みそ工場排水		
	BOD	COD mg／ℓ	TOC	BOD	COD mg／ℓ	TOC	BOD	COD mg／ℓ	TOC
原水	11,200	—	6,750	—	12,600	3,540	—	26,000	17,400
光合成細菌処理後	195	—	115	—	230	270	—	316	126
放流水	32	—	21	—	44	92	—	21	7.6
使用光合成細菌	スフェロイデスS			スフェロイデスS			スフェロイデスS		

その他デンプン工場、ビート精糖工場、と場排水、油脂工場、し尿処理工場でも同様な処理例が報告されている

発表をしています。

現地では人件費が安く専門家も雇いやすいこと、さらに農業地区が近くにあり、肥料として積極的に使われていることで、結果的にコストが低く運転できるからです。我が国には現在、光合成細菌の応用技術者は少なく、我が国初の超優良技術が追い抜かれつつあることはさびしいことです。

3. 排水のCOD、窒素、リンの同時処理が可能に

現在、排水処理の主流である活性汚泥法処理は、汚れの指標であるBOD（生物化学的酸素要求量）やCOD（化学的酸素要求量）を低下、つまり有機物の汚れを浄化するには適した方法なのですが、好気処理であるためにアンモニアが酸化して硝酸が蓄積し、これを除去することが難しいのです。また、し尿や食品工場排水などに多く含まれるリンも除去が難しく、さらなる高次処理が必要で、処理槽の増設など、設備が大幅に増加しています。そのため排水処理のコストも大きなものになっています。

かつては窒素やリンの規制値はなく、BODやC

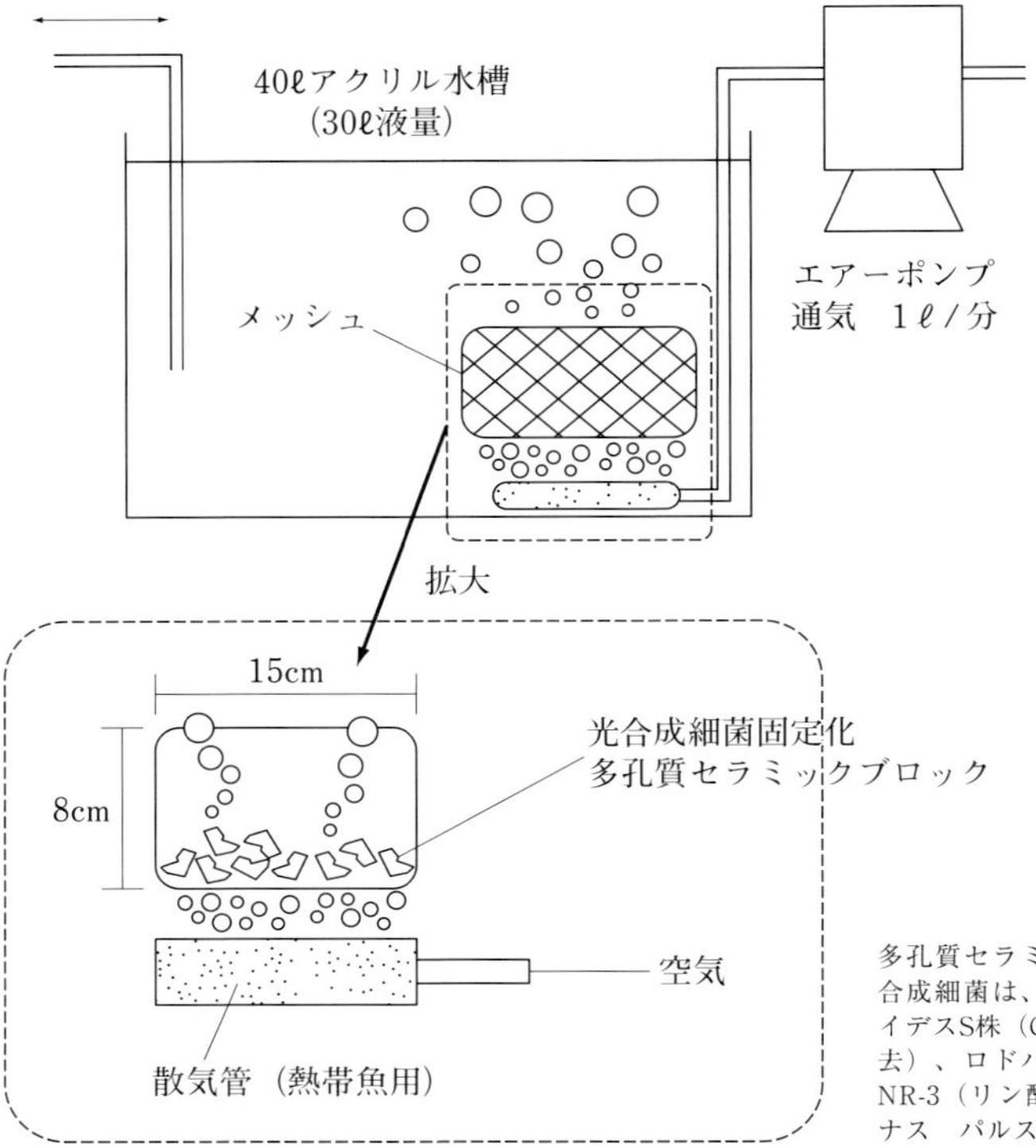

多孔質セラミックに固定した3種の光合成細菌は、ロドバクター　スフェロイデスS株（COD、アンモニア、硝酸除去）、ロドバクター　スフェロイデスNR-3（リン酸除去）、ロドシュードモナス　パルストリス（イオウ除去）。

図5－3　3種の光合成細菌を使ったCOD、窒素、リン酸の同時除去装置（模式図）

ODを低下できれば排水処理は良かったのですが、現在では、窒素やリンなども厳しく規制されています。それは、放流水に含まれた窒素やリンが、下流域の池や海に大量の藻やプランクトンの増殖を促進し、いわゆる赤潮現象が各地に起こるようになってきたからです。

光合成細菌をうまく用いると、簡単な装置で、COD、窒素、リンの同時除去が可能です。また、脱臭も可能です。図5—3にその同時除去装置を模式的に示します。3種類の光合成細菌を等量混合して用います。これらの菌をアルギン酸と混合して多孔質セラミック上に固定化し、メッシュかごに入れて通気をするだけです（固定化の方法は3章58ページ参照）。

その浄化結果が図5—4です。図からわかるように、好気処理でCOD、硝酸態窒素、イオウ（硫化水素）が効率よく除去できています。

好気処理なのになぜ硝酸が除去できるのか？これは、固定化菌の表面は好気状態ですが、固定化（アルギン酸で固定化）している寒天状のゲルの中は空気が入り込まずに嫌気状態となり、嫌気

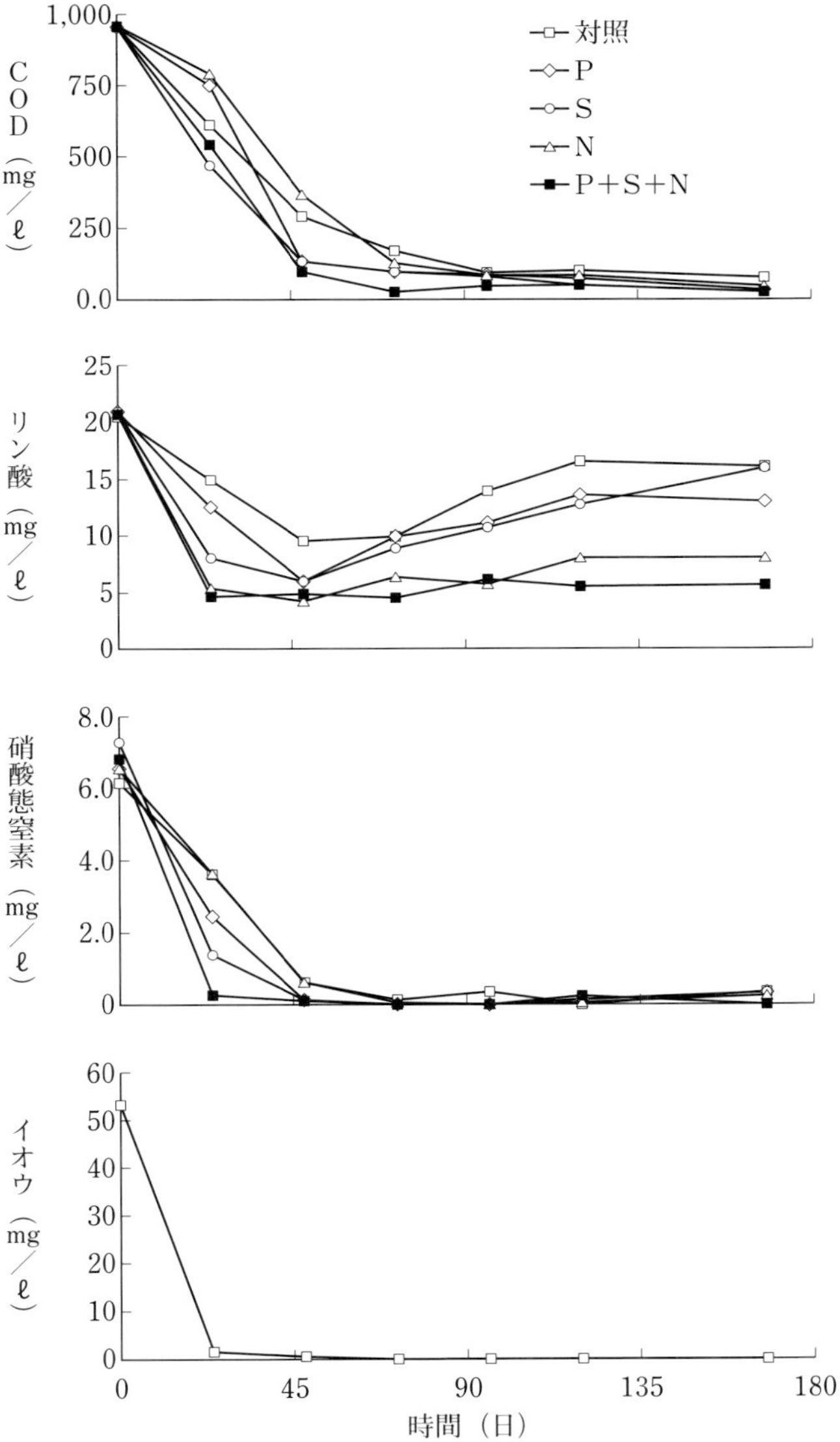

図５－４　多孔質セラミックに３種の光合成細菌を固定化した処理装置による人工下水の好気的処理結果

図中、P：ロドシュードモナス　パルストリス、S：ロドバクター　スフェロイデスS株、N：ロドバクター　スフェロイデスNR-3株

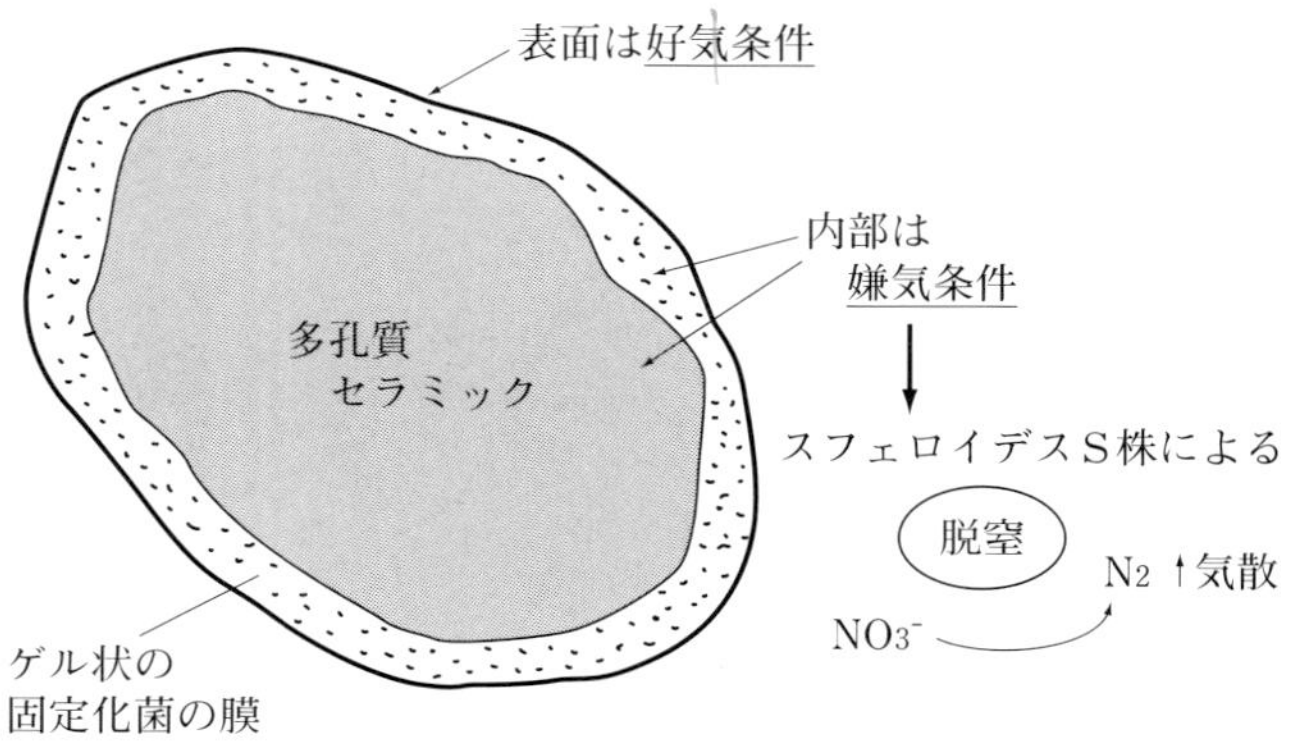

図5－5　多孔質セラミック上に固定した光合成細菌と脱窒の仕組み

でよく働くことができるロドバクター　スフェロイデスS株が脱窒機能を発揮し、硝酸を窒素ガス（N_2）に変えて空気中に放出し、窒素が除去されている（図5―5）。大変有用な現象です。

また、NR-3株がいると、リン酸イオンを長時間保持して菌体内から離さず、処理が十分行なわれていることが判ります。

このように、光合成細菌もうまく使えば、簡単な装置で、複雑な排水処置を一つの排水処置槽で行なうことができるのです。これは、食品排水処理のばっ気槽の中にカートリッジとして投入するだけで、窒素、リンも同時除去できるので大変有用です。現在、応用が進みつつあります。

4．高耐熱性光合成細菌による油含有排水の処理

(1) 有機物と調理用油が含まれる厨房からの排水処理

食品製造および外食産業の厨房施設から出る排水は、高濃度の有機物と調理用油が含まれています。排水中に含まれる油は、活性汚泥で生物分解しにくいばかりか、粘性により配水管内に付着し、悪臭や詰まりの原因となって、その処理費用に高いコストがかかります。CODが高いだけでなく難分解性であることから、処理しきれない廃油が環境中に流れ出し、水質汚染を引き起こしている場合も多くあります。

排水中の油分も、光合成細菌により処理することができます。

我々は、低コストの処理を念頭に、光合成細菌を用いて処理装置を試作し、そこに油の濃度を10g／ℓに調整した液（人工下水）を一定流量で流し込み、

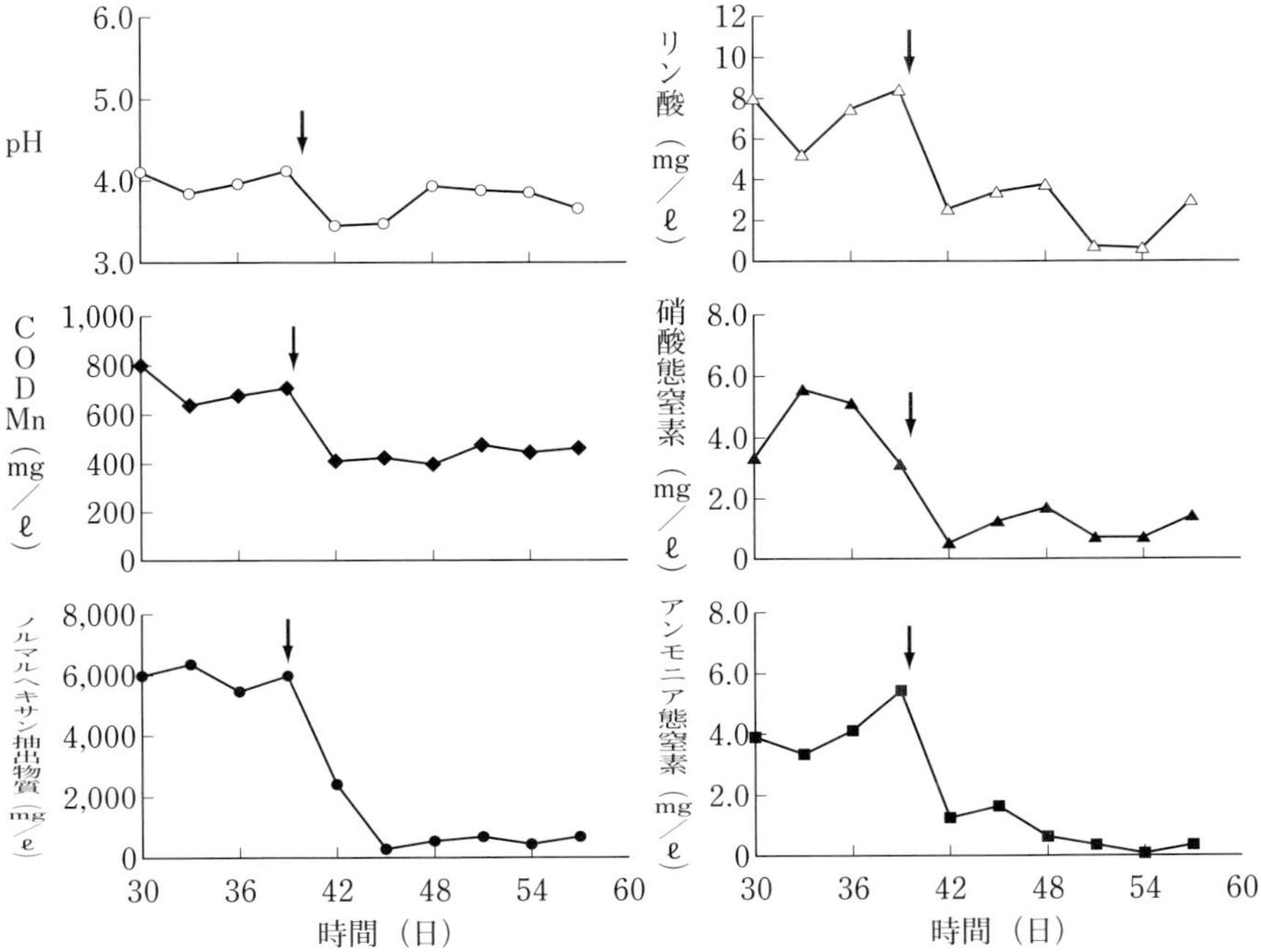

図５－６　固定化光合成細菌による油含有排水の連続処理

↓：固定化光合成細菌（ロドバクター　スフェロデスS株）の添加（油は10g/ℓ）

容器の下から空気を通気してばっ気槽とし、連続下水処理を行ないました。装置を稼動させて39日間は、対照試験として通気のみを行ない、CODおよび油分の値が定常状態になったのを確認して、ばっ気槽の上部に、寒天で固定した光合成細菌ロドバクタースフェロイデスS株を充填し、処理後の排水中の油分量と水質を調査しました。その結果を図５－６に示します。

固定化光合成細菌を充填することにより、図中左下に示した油分を示すノルマルヘキサン抽出物質が、速やかに減少したことがわかります。油分分解速度は、油分解菌として知られるバークホルデリアセパシア（*Burkholderia cepacia*）ＡＩＫ株とあまり変わりません。また、油分の減少とともに、リンおよび窒素化合物も除去されており、水質浄化もよく行なわれていることもわかりました。

現在、光合成細菌の油分分解機構も明らかになってきており、レストラン排水の油分分解の補助剤として、排水に点滴で添加して使用され、パイプの汚れ防止や油の蓄積防止に役立つとともに、後に続く排水処理場での水質浄化に貢献しています。

(2) 油を凝固させずに処理する耐熱性光合成細菌

一般に、厨房からの排水は調理などによって熱を含むことが多く、これらを生物処理するには、微生物が生育できる30℃程度まで冷ますか、冷水で希釈する必要があります。しかし、冷却することにより、排水に含まれる油分が凝固してしまうなど問題点が多く、厨房からの排水を温かいまま処理する技術が求められていました。

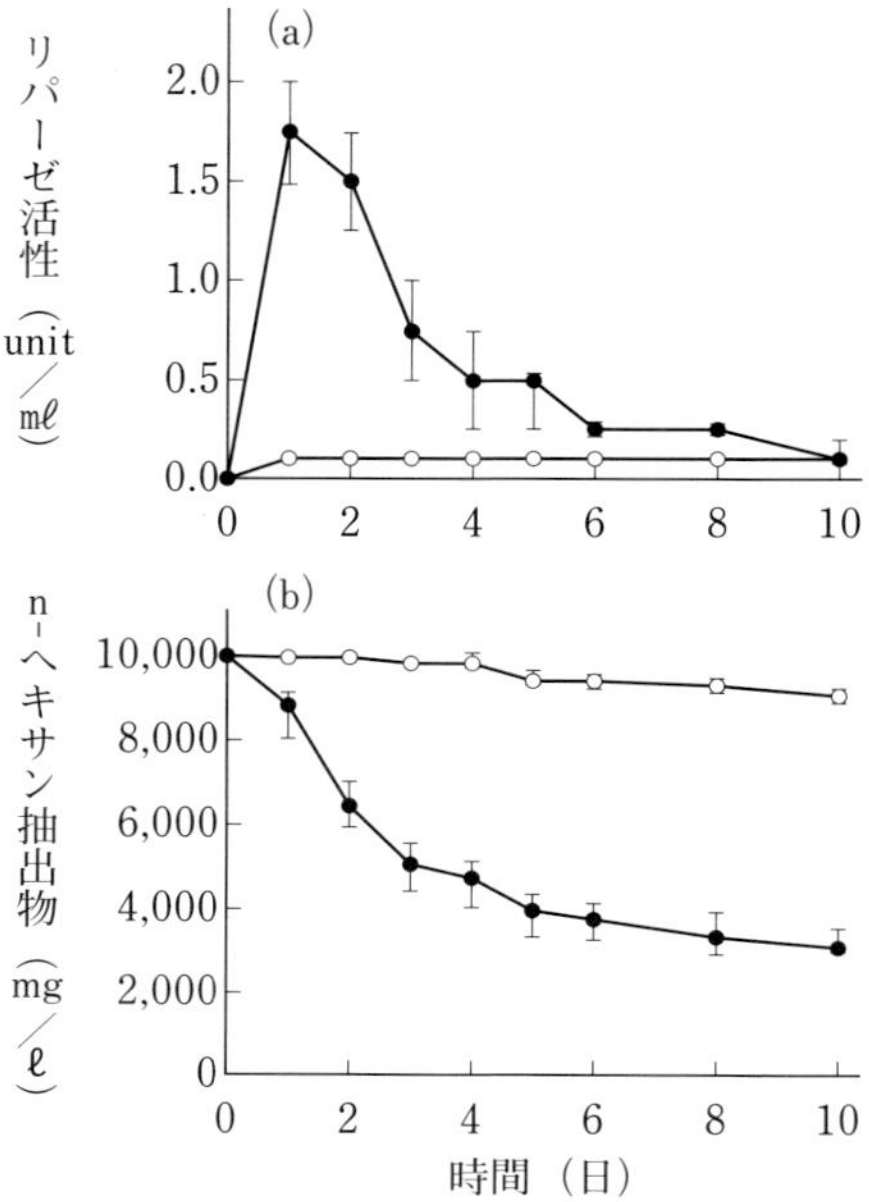

図5－7　耐熱性光合成細菌（*R.sphaeroides* NAT株）による高温（45℃）でのリパーゼ活性（a）と食用油の分解（b）食用油を含む人工下水での培養実験

○：菌接種なし；●：NAT株接種

そこで我々は、耐熱性光合成細菌ロドバクタースフェロイデスＮＡＴ株（以下ＮＡＴ株）を用い、温排水の油分の処理を検討しました。この耐熱性光合成細菌は、世界で初の分離です。学術的にも実用的にも、非酸素発生型光合成細菌で耐熱性を持つもの（45℃以上で安定して増殖）は、２０１５年現在、我々のこの菌、ＮＡＴ株しかいません。

ＮＡＴ株の純粋培養による油分の処理と、油分分解酵素であるリパーゼ活性の消長を図５—７に示します。

図５—７の(a)は、油分を分解するリパーゼという酵素の活性の時間経過をみたもの、(b)の図はノルマルヘキサンで抽出された油分の変化をみたものです。処理装置の液温は45℃。この高温条件下でリパーゼ活性を示した光合成細菌は今までありません。データは割愛しましたが、50～55℃の高温でも少し活性は落ちますが同様の効果がみられています。これは、新しい成果です。

ＮＡＴ株は現在、油分分解性光合成細菌として、レストラン排水処理やグリストラップの浄化補助剤として実用化され、（有）名水バイオ研究所（39ページ＊参照）で販売されています。

ＮＡＴ株を点滴状態で水路に流し、固形油（植物油マーガリン）を塗った水路で比較実験すると、水だけを流した水路に比べると油が良く溶けて、水路に油が蓄積しにくいことがよくわかります。

5. 養鯉池の浄化と脱窒

近年、地域の行政活動や地域活動、そして環境教育の一環として、公園や学校や用水路で錦鯉の飼育に取り組むところも増えつつあります。しかし、錦鯉を飼育する水の水質管理項目は明確ではなく、また、観賞池や養魚池のような閉鎖性池水では、しばしば富栄養化が進行し、アオコの発生、悪臭、魚の大量へい死などが問題となっています。

とくに養魚池の場合では、エサ（有機物）を大量に投与するため、水質汚濁が著しく、窒素（アンモニア態、硝酸態）やリンの蓄積が問題となっています。その管理の不手際により、水質汚濁や酸欠で大量へい死を引き起こす事故も少なくありません。また、養魚池の水質が悪くなると魚の病気が発生することも多く、適正な水質管理が確立されると、病気の問題もかなり解消されるといわれています。

光合成細菌を用いた水質浄化試験のため、水槽を用いて錦鯉を飼育しました。その方法は、3章の62ページ囲み「水質浄化の実験」を参照してください。

光合成細菌の培養液を池に直接添加することは良く行なわれていますが、このように固定化光合成細菌を用いて、コイや熱帯魚、メダカの水槽の水質浄化を行なうと、浄化効果が長持ちするばかりでなく、魚が死亡することが少なく、安全に飼育ができることも明らかとなりました。

現在、この固定化光合成細菌は、光合成細菌ビーズ（15ページ写真参照）の形態で、養鯉業者やメダカ業者のために、名水バイオ研究所から「お魚のゆりかご」の商品名で販売されております。

6. 光合成細菌によるヘドロの浄化

生活排水の流れ込む河川や池、沿岸の養魚場やカキ養殖場ではヘドロの蓄積が著しく、悪臭や赤潮、低酸素濃度など環境悪化の要因にもなっています。

これら有機性の底泥は、その大部分は砂ですが、表面に、3～5％程度の窒素やリンを含む難分解性

★嫌気消化　排水や廃棄物を、空気を与えない嫌気状態で、種々のバクテリアや酸生成菌によって有機物（固形分）を分解し、可溶化して低級脂肪酸（酢酸、プロピオン酸など）にする。

の有機物が付着し、粘土状となって堆積しています。その表面の色は黒く、悪臭を放ちますが、大量にある底泥を洗浄する低コストの実用的な手段はありません。また、海域での底泥は塩分を含んでおり、農作物への肥料にも不向きであることから、環境中に放置されているのが現状です。

そこで、光合成細菌を用いた、これら沿岸海域のヘドロの浄化と有効利用について紹介します。

まずはヘドロの嫌気消化

光合成細菌によるヘドロの浄化を行なうにあたり、前もってヘドロの嫌気消化を行ないました。嫌気消化という前処理を行なったのは、ヘドロに光合成細菌を直接添加するだけでは、ヘドロの高分子の有機物を分解できなかったからです。多くの人がバイオ浄化を断念するのがよく理解できました。

そこで、ビタミン、とくに光合成細菌の増殖に必須のビタミンB1、ニコチン酸、ビオチンを、それぞれ0・1、0・1、0・01㎎／ℓ加えて嫌気発酵したところ、発酵は意外とよく進み、発酵によって酢酸が約2・5ｇ／ℓ生成され、同時にリン酸イオンも約25㎎／ℓ培養液中に溶出されました。嫌気消化によって、底泥の有機物を酢酸に変換できる、ホモ酢酸発酵菌を含むフローラを獲得することができたのでした。この前処理が、光合成細菌によるヘドロ浄化の鍵を握っていたのです。

底泥に高価なビタミンを加えることは奇異な発想に思えますが、血粉（豚、牛、鶏）、内臓、ビール酵母廃棄物など、安価なビタミン源の利用も可能です。

こうしてヘドロを嫌気消化できたら、次にその嫌気消化液を光合成細菌によって浄化する段階に入ります。

嫌気消化脱離液の光合成細菌による浄化

底泥の嫌気消化液の上澄み液（脱離液）を採って、光合成細菌（ロドバクター　スフェロイデス　ＩＬ１０６株）を培養してみました。結果は図5―8に示すように、嫌気消化により生成した酢酸を炭素源として菌体が増殖し、培養2日で約3ｇ／ℓの菌体を得ることができました（一番上のグラフ）。また、リン酸イオンも24・2㎎／ℓから1・2㎎／ℓに減

★ＥＰＳ　菌体外高分子物質とも呼ばれ、最近では「バイオフィルム」とか、商品の世界では「ヌメリ」とか「スライム」とか表現されたりもする。

少し（三番目のグラフ）、アンモニア態窒素も除去（一番下のグラフ）できていることがわかります。この実験では嫌気条件下光合成で培養しましたが、この菌は好気的な培養も可能です。

7. 光合成細菌による重金属除去

光合成細菌は、環境中の重金属の除去も可能です。

光合成細菌のうち、凝集性を有する菌は、菌体の外側にＲＮＡ（リボ核酸）や多糖類を主体とするＥＰＳ（菌体外高分子物質）を生産し、このＥＰＳによって重金属を吸着することができます。

例えば、光合成細菌ロドブルムの仲間では、ＥＰＳによるカドミウム除去において、ＥＰＳのマイナスチャージ（マイナス荷電）により、カチオン（プ

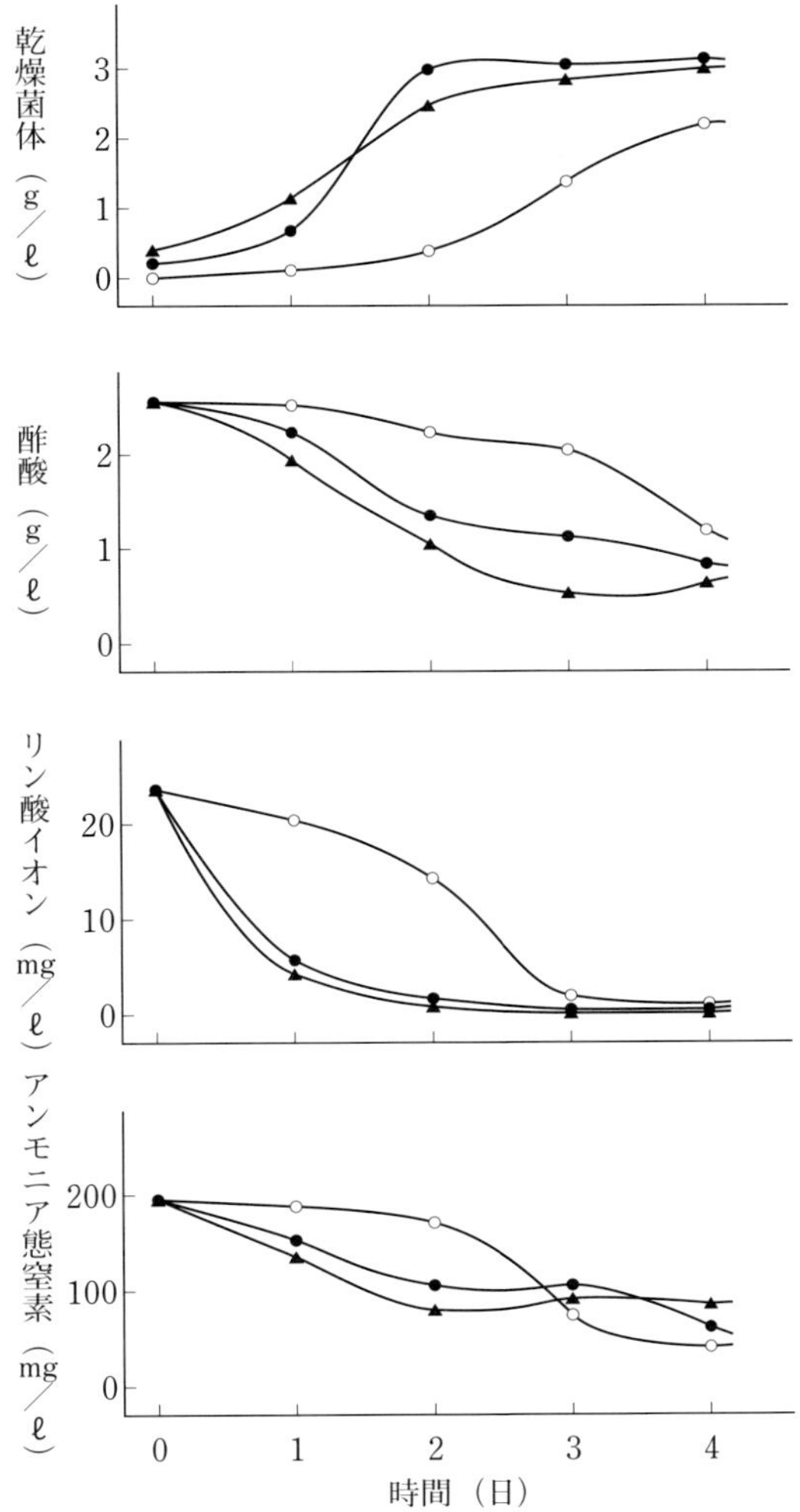

図５－８　底質汚泥の嫌気消化脱離液を光合成細菌（*R. sphaeroides* IL106 株）で浄化した場合の菌体増殖（乾燥菌体）、酢酸、リン酸イオン、アンモニア態窒素の消長

○：対照（無添加）；●：２％接種（IL106）；▲：４％接種（IL106）
＋200mg/ℓ のNH_4^+-Nを添加
使用した光合成細菌はロドバクター　スフェロイデス　IL106株

左：トライポット型回収型多孔質セラミック　右：廃棄ガラス利用回収型多孔質セラミック

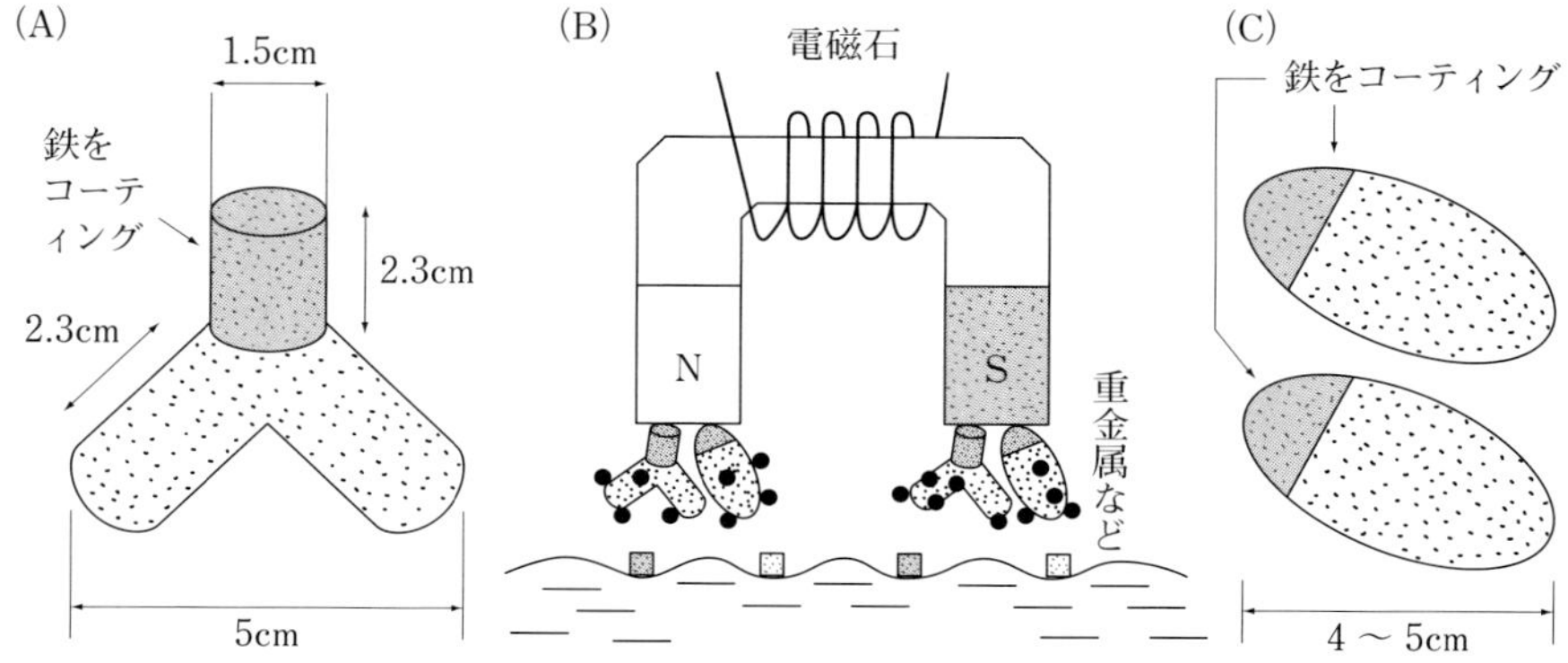

ケイ酸を主成分としたトライポット型の回収型多孔質セラミック

水、土壌、ヘドロから電磁石で回収可能

廃棄ガラスによる回収型多孔質セラミック（安価）

図5－9　回収型多孔質セラミック

回収型多孔質セラミックに光合成細菌を固定化し、除染処理後電磁石で回収が可能である

ラス荷電）であるカドミウムが吸着されることを我々はすでに明らかにしています。さらに、ロドバクター スフェロイデスでは、多糖類を主成分とするEPSが、種々の重金属を吸着できることを明らかにしています。

しかし、光合成細菌が重金属などを吸着できても、問題はそれを回収する方法がないことでした。そこで我々は、光合成細菌を多孔質セラミックに固定化して、排水中の重金属、有害金属を回収できる方法を発明しました。このとき、図5―9に示すように、トライポット型多孔質セラミックの一部に鉄をコーティングして焼成し、電磁石で回収できるように改造しました。こうすると、重金属や有害金属がくっついたセラミックを水や泥の中から簡単に回収することができます。

廃棄ガラスからも、トライポット型と同じように回収できる、楕円形の回収型多孔質セラミックも開発しました。これは廃棄物から製造できるので安価です。福島での放射能核種、ウラン、コバルトばかりか、セシウム、ストロンチウムの除去にも用いています（後述）。

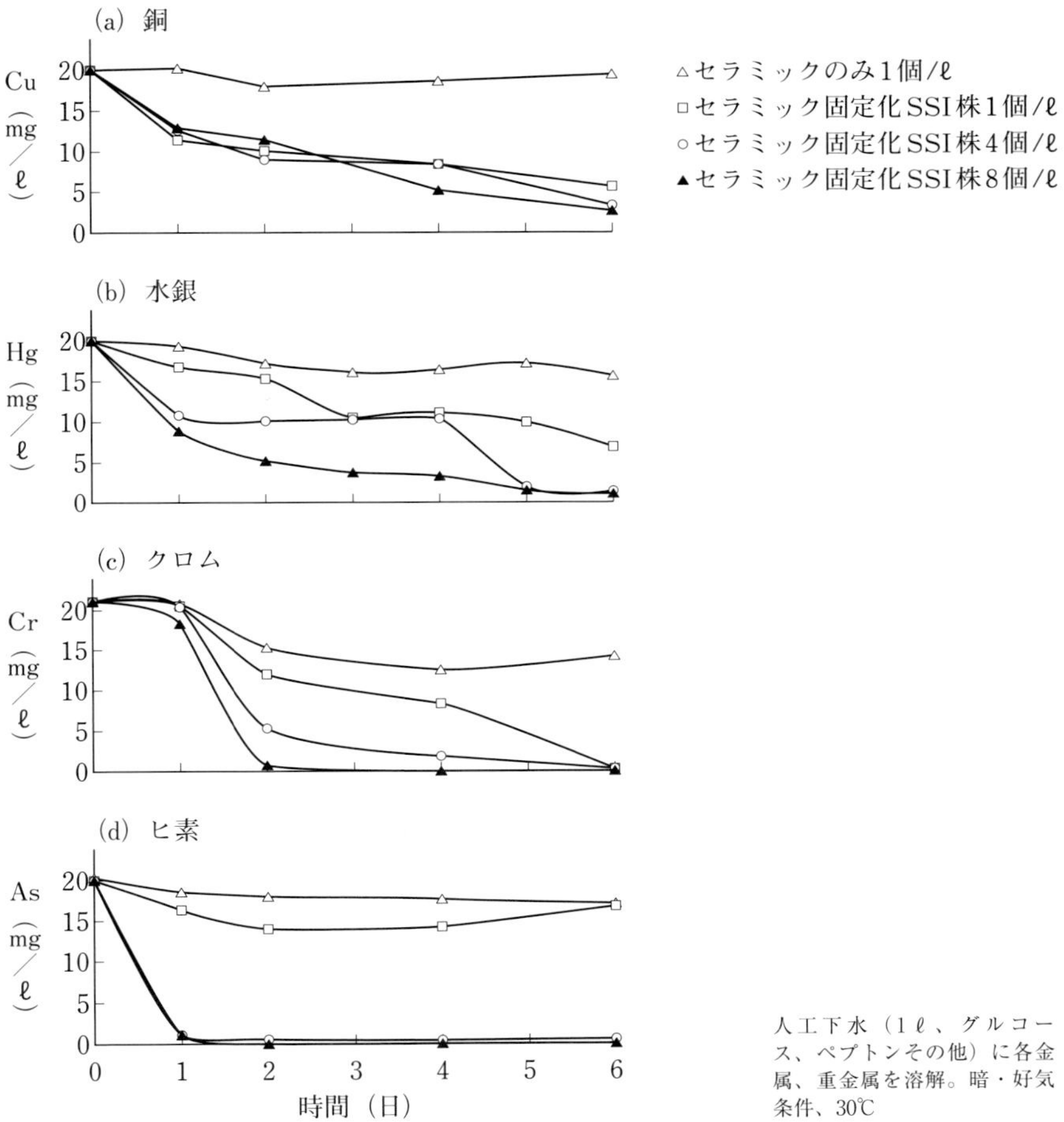

図5－10　回収型多孔質セラミック固定化SSI株による金属、重金属の除去

図5—10は、ロドバクタースフェロイデスSSI株をトライポット型多孔質セラミックに固定化して、重金属を吸着させた実験例の結果です。銅、水銀、クロム、ヒ素などが比較的効率よく吸着されていることがわかります。

多孔質セラミックに菌を固定化することで、水環境中や土壌、ヘドロなどから吸着した重金属をセラミックごと電磁石で回収し、塩酸洗浄や超音波洗浄で重金属を含む菌体を回収し、セラミックは再利用できるシステムです。回収した菌体表面には重金属が濃縮されており、焼却して重金属を再利用するか最終処分するかは、コストにより用途が分かれるところです。このシステムで、2～20mg／ℓ濃度の程度の水銀、鉛などの有害重金属も、ほぼ100％回収で

表5－2　最近の光合成細菌を用いた環境浄化と菌体生産（SCP生産）および再資源化

目的	処理および再資源化の内容	国／発表年次
カドミウム排水処理	40mg／ℓの高いカドミウム廃液を処理	中国／2008
と殺場排水処理	91％ CODを除去。SCP生産	ブラジル／2008
薬品工場排水処理	難分解ベンゼン含有廃液の80％以上の処理、SCP生産	中国／2010
食品工場排水処理	大豆加工排水、95.7％ COD除去、炭素の６割をSCPに変換	中国／2010
食品工場排水処置	大豆加工工場、高いCOD排水直接処理、SCP生産、0.5mg菌体／mg COD	中国／2011
食品工場排水処理	大豆加工工場、93.4％ COD除去、SCP生産	中国／2012
エビ養殖場重金属除去	銅、鉛、カドミウム、亜鉛除去、塩分除去	タイ／2010
パイナップル工場排水処理	排水処理、SCP生産をゴム工場排水処理に利用	タイ／2010
食品工場排水処理	マヨネーズ、ドレッシング、チリペースト排水処理	タイ、日本／2012、2012、2013
	処理装置（バイオリアクター改変）、SCP生産	
ゴム工場排水処理	ゴム加工ラテックス廃液処理、98％ COD除去、硫化水素完全除去	タイ／2014

注）SCP生産は、光合成細菌の菌体を農業用肥料への応用を念頭においていることが多い

きることを明らかにしています。重金属汚染水、ヘドロ、土壌の浄化に有用な技術です。

光合成細菌で重金属除去が実用的に除去できることを発明したのは我々ですが、最近は、重金属やヒ素の汚染に苦しむ中国、タイ、インドなどで注目されています。参考までに、光合成細菌によるここ数年間の最新の環境浄化の実績を表５―２にまとめます。

6章　健康食品、医薬品、健康飼料づくりに

——光合成細菌の食品、健康への利用

光合成細菌の菌体は実に栄養豊富！　タンパク質含量、アミノ酸組成も抜群です。おまけに生産される色素には健康機能性もあり、食品や医薬品（肝臓病やがん治療薬）にも利用されています。

　また、光合成細菌が生産するビタミン、それにダイエットや老化防止で注目を集めるコエンザイムＱ10、さらには医学分野でも、ＲＮＡ（リボ核酸）やＥＰＳ（菌体外高分子物質）などが活用されるようになってきました。

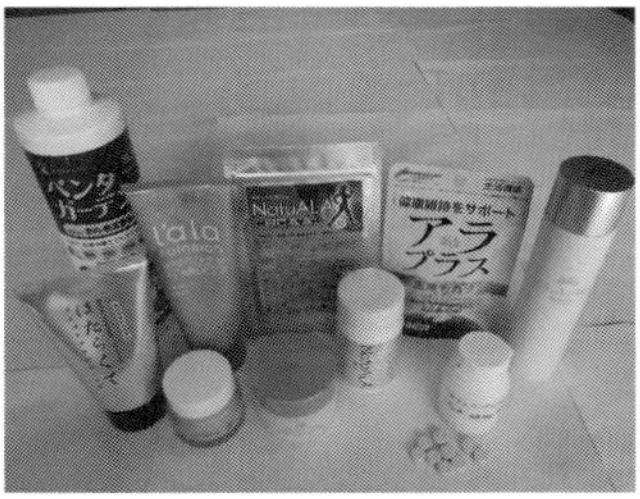

光合成細菌菌体成分を活用した商品
（医薬品、健康食品、農業園芸資材）

1. 菌体成分の健康食品への応用

光合成細菌菌体は優れた栄養成分を有しています。表6―1に、いわゆる一般的な光合成細菌、ロドバクター　カプスラータやスフェロイデス、ロドシククラス　ゲラチノサスの菌体成分を示します。

粗タンパク質含量はほぼ70％で非常に高く、WHO（世界保健機構）が推奨するSCP（微生物タンパク質）の酵母などと比較しても高いタンパク含量です。さらに、アミノ酸組成も酵母や大豆より優れており、良質なタンパクであることも明らかです。さらに、ビタミン類（表6―2）もバランスよく多く含まれており、良質なSCPであることがわかります。

かつて我が国でも、1970～1980年代にかけて、クロレラ（緑藻）が、その高いタンパク質含有量と、光さえあれば短期間に収穫できることなどから、未来の食糧や宇宙食としても注目されたりしました。光合成細菌も「赤いクロレラ」として、健康補助食品として製造、販売されようとしたこともありました。現在でも、インドや中国では光合成細菌の培養液を、健康補助食品として飲用しているところもあります。食糧や栄養の十分でない辺境の地域では、光合成細菌は現在、貴重なタンパク、ビタミン源となっているのです。

安全性がよく問題になりますが、元来、光合成細菌は土壌微生物の一つとして、自然界の水、土に広く分布しており、かつて農業生産が主体であった我が国の多くの人々は、生まれて自然に接した時から、光合成細菌は、乳酸菌や放線菌と同じように、自然と口から接種しており、安全性はまったく問題となりません。

例えば、畑で土の付いた収穫直後の大根やレタスを十分洗わず食べたとしたら、多くの場合、土の中に含まれる光合成細菌も食べていることになります。土壌には多くの光合成細菌が生息しています。

また、夏、子どもたちが池やため池で泳いで遊んだ場合、ほとんどの子どもが、水の中にいる光合成細菌を口から水とともに飲んでいるのです。夏、池やため池の水からは、多くの光合成細菌が容易に分離できるからです。もし、光合成細菌が毒性のものであったら、人々や子どもたちは健康に暮らしては

表６－１　光合成細菌の菌体組成と他のSCP（微生物タンパク質）源との比較

	光合成細菌			酵母	クロレラ	大豆	WHO推奨値
	ロドバクターカプスラータ	ロドバクタースフェロイデス	ロドシククラスゲラチノサス				
粗タンパク	66.0	66.6	56	54.0	55.5		
粗脂肪	7.0	1.88	2.45	10.0	8.07		
炭水化物	23.0	24.9	26.4	26.0	21.0		
繊維	na	2.95	na	na	12.1		
灰分	4.0	3.62	3.21	7.0	3.28		
リジン	2.86	2.57	3.04	3.76	2.71	2.58	5.5
ヒスチジン	1.25	0.96	1.15	0.90	1.06	na	na
スレオニン	2.70	2.87	2.04	2.63	2.28	1.62	4.0
バリン	3.51	2.68	3.44	3.20	3.02	1.86	5.0
メチオニン	1.58	1.47	1.92	0.51	0.27	0.43	1.9
イソロイシン	2.64	1.78	2.73	2.63	2.44	1.80	4.0
ロイシン	4.50	3.90	5.84	3.54	4.46	2.70	7.0
フェニルアラニン	2.60	2.36	3.08	2.20	2.65	1.98	3.0
アルギニン	3.34	3.55	3.42		3.24		
アスパラギン酸	4.56	5.18	4.92		4.74		
セリン	1.68	2.33	2.10		2.12		
グルタミン酸	5.34	6.22	5.84		4.62		
プロリン	2.80	2.02	2.40		2.12		
グリシン	2.41	3.18	2.58		2.28		
アラニン	4.65	5.06	4.45		2.98		
チロシン	1.71	1.70	1.50		0.96		

注）単位はg/100g乾燥重量

表６－２　光合成細菌のビタミン含有量

	ロドバクターカプスラータ	ロドバクタースフェロイデス	ロドシククラスゲラチノサス	酵母
B_1	12	na	na	11-13
B_2	50	13.0	33.2	110-130
B_6	5	na	na	4.8-7.6
B_{12}	21	78	33	痕跡
E	na	210	51	na
カロテノイド	na	800	90	na
ニコチン酸	125	58	36	165-200
葉酸	60	1.0	7.2	1.8-2.4
パントテン酸	30	na	na	14-23
ビオチン	65	6.3	8.3	110-130

注）単位はμg /g dry cell,　naは分析なし

これなかったことでしょう。

現在、光合成細菌の仲間であるスピルリナ（らん藻）は、我が国でも広く健康食品として販売されています。これは、メキシコのチャド湖周辺に住む人々が昔から、湖に生えるスピルリナを食糧の一部として食べていたところから、健康食品として製造、販売されるようになりました。

ハワイ、タイ、カルフォルニアではスピルリナが大量に池で栽培され、我が国でも多く販売消費されています。熊本の水前寺湖に自生する水前寺のりも古くから地元で食されていますが、これもらん藻で、新しい分類では光合成細菌の仲間です。

光合成細菌も、栄養補助食品や健康食品として、広く人々に利用される日も近いかもしれません。

2. 色素生産への利用

(1) カロテノイド、リコペンの生産
―抗酸化力・活性酸素消去力

光合成細菌は真っ赤な色をしていますが、これはトマトやニンジンの赤い色と同じ、カロテノイドという色素によるものです。光合成の補助色素とも呼ばれます。最近では、カロテノイドは光合成補助色素としてよりも、その他の機能（抗酸化力、活性酸素消去力）のほうが大きい役割を示すといわれています。

重要なことは、光合成細菌が、体内で光合成に必須なバクテリオクロロフィルを合成するため、植物と同様に、色素であるポルフィリン、およびクロロフィルなどの色素生成能力が高いという点です。この光合成細菌の色素生産能力を応用した例がたくさんあります。

光合成細菌のカロテノイドは、厳密にはニンジンやトマトなどに含まれている、抗酸化力があり健康食品やサプリメントなどに使われるβ-カロテンとは異なりますが、同じような抗酸化力を持っていると推定されています。

カロテノイド合成経路の中間体であるリコペンを菌体中にたくさん含んでいることも、光合成細菌の抗酸化力を高めているようです。トマトの抗酸化力発揮にはリコペンが重要といわれていますから、光合成細菌の菌体内に含まれている多量のリコペンも、機能性色素を有するバイオマスとして、また健

表6－3　光合成細菌による、種々の炭素源でのユビキノン、カロテノイドおよびバクテリオクロロフィルの生産・明条件

炭素源	ユビキノン（Q10）(mg / g cell)	(mg / 培養液1ℓ)	カロテノイド（スフェロイデン）(mg / g cell)	（スフェロイデノン）(mg / g cell)	バクテリオクロロフィル (mg / g cell)
グルタミン酸	2.7	2.2	3.8	1.0	33
酢酸	2.8	2.7	3.0	2.8	32
プロピオン酸	3.0	1.7	3.0	4.7	30

光合成細菌：ロドバクター　スフェロイデスP47
培養条件：明・嫌気条件、5,000ルクス、30℃

康食品として誠に有望です。

光合成細菌は、実際、前述のように、錦鯉のカロテノイド、（主にアスタキサンチン）の合成を促進し、エサに混ぜることで色揚げに役立つことは実証されており、経験上よく用いられてきました。また、養魚飼料の補助などに有用とされています。このことは、光合成細菌のカロテノイドも、ニンジンやトマトの色素の代替になる可能性を示唆してくれています。さらにサケの養殖での肉色の色揚げ飼料にも光合成細菌は用いられています。

表6―3に、ロドバクター　スフェロイデスの、カロテノイドとバクテリオクロロフィルの生産量を、ユビキノン（コエンザイムQ10）とともに示します。炭素源である培地の組成にはあまり関係なく、これら色素が生産されています。つまり、ヒトや動物の健康食品、健康飼料やサプリメントとして有用であるということです。

(2) ポルフィリンの生産と利用
―肝臓病・がん治療薬

ポルフィリンは、肝臓病、がん治療剤などの医薬品としてよく使われています。例えば、ヘマトポルフィリンはがん治療剤として、レーザー治療と組み合わせた治療によく用いられている医薬品です。

ポルフィリンも、光合成細菌が生産する有用な色素です。後に述べるALAやビタミンB_{12}などの、健康に深く結びついた物質の生合成経路と共通の経路（テトラピロール化合物の生合成経路）で生産されます。この経路から、光合成を支えるバクテリオクロロフィルなども生産されます。

ヒトもこのテトラピロール生合成経路を主に肝臓に持っていますが、ビタミンB_{12}やクロロフィルは造りません。そのかわり、重要な血液成分のもとになるヘムを造り、ヘモグロビンやシトクロム合成を盛んに行なっています。

ポルフィリンの工業生産は、かつては豚や牛の廃血液などから抽出・製造されていましたが、狂牛病

（ＢＳＥ）や豚ウイルス感染などの諸問題などから、光合成細菌やアースロバクターという微生物を用いたバイオ生産による、いわゆる清浄ポルフィリンの生産が現在では注目されています。

また、基礎医学、基礎生化学の分野などの医学研究によく用いられる標識ポルフィリン（放射性アイソトープを持った特殊なポルフィリン）の生産にも、光合成細菌は重要な役割を持っています。あまり知られていませんが、医学の進歩に光合成細菌は重要な役割を果たしつつあるのです。

ポルフィリンの生産ですが、光合成細菌が、明・嫌気条件でポルフィリンを多量（10～１００mg／ℓ）に菌体外に排出することはよく知られています。ただ、光照射がネックとなり、大量生産は容易ではありませんでした。

しかし、ロドバクター スフェロイデスの変異株（ＣＲ３８６）を用いると、暗・好気条件と鉄欠乏の状態で、培養液中の溶存酸素濃度を２mg／ℓに制御することで、約60mg／ℓのポルフィリンを、好気培養で菌体外に生産できることが明らかとなりました。つまり、管理がラクな、光を用いない好気培養での大量生産への可能性が見えてきたのです。

３．ビタミンB_{12}の生産
—貧血・神経疾患・眼病治療薬

ビタミンB_{12}は、貧血の治療剤や神経疾患、眼病の治療に使われます。また、健康食品成分としても需要が伸びてきています。

赤い色をした目薬を見かけたことがあると思います。この色はビタミンB_{12}の赤色です。膝の痛みや糖尿病による神経疾患にも、ビタミンB_{12}がよく使用されます。

最近、がんなどの抗がん剤の副作用防止にもビタミンB_{12}はよく使われ、高齢化時代を迎え医薬品としての重要性が増加しつつあります。また、動物飼料に添加して、成長促進剤としてよく使われています。

表６—４に、光合成細菌によるビタミンB_{12}生産量を示します。

光合成細菌の種類や株の違い、培養条件によってその生産量に違いはありますが、一般に明・嫌気条件でのビタミンB_{12}の生産量が多いこと、さらに、培地に食品廃棄物を用いることができるため、安価に

表6－4　光合成細菌による廃棄物からのビタミンB_{12}生産

廃棄物	光合成細菌	ビタミンB_{12}		
		培養条件	μg／g dry cell	μg／ℓ 培養液
パイナップル	ロドバクター　スフェロイデスP47	暗・好気	75	1,578
大豆煮熟液	ロドシククラス　ゲラチノサス	暗・好気	33	307
	ロドシククラス　ゲラチノサス	暗・好気	23	104
キャサバデンプン	混合培養 ロドシククラス　ゲラチノサス＋（ロドバクター　スフェロイデスP47）	暗・好気	44	274
みかん外皮廃棄物	ロドバクター　スフェロイデスS	暗・好気（DO>4㎎／ℓ）	37	74
		微好気・明（DO＝0、3,000ルクス）	79	206
		明・嫌気	87	67

DO：溶存酸素、培養液の溶存酸素濃度を制御して実験
DO＝0とは、空気は少しあるが、溶存酸素がゼロ

B_{12}をつくることができます。

食品廃棄物の利用については、表6―4の、パイナップル排水処理におけるロドバクター スフェロイデスP47の、菌体内のビタミンB_{12}生産量を見てください。75μg／g dry cell（乾燥細胞重量）、1・58㎎／ℓ培養液のビタミンB_{12}が生産できていることがわかります。ビタミンB_{12}生産量だけで見るともっと多いプロピオン酸菌などもありますが、培地に食品廃棄物を使える低コストの光合成細菌にはかないません。

光合成細菌は、菌体そのものをビタミンB_{12}含有バイオマスとして、動物飼料やペットフードなどに用いることができるのです。実際、前述のように、子豚の飼料として与えると、成長が速いことがよく知られ、光合成細菌を飼料に添加することがよく行なわれていますが、この効果は、ビタミンB_{12}の成長促進効果であると推定されています。

4．コエンザイムQ10の生産
―糖尿病・ダイエット・老化防止

コエンザイムQ10（Co Q10）はユビキノンとも

★MRSA感染症　種々の抗生物質が効かなくなった多剤耐性の黄色ブドウ球菌（MRSA）による感染症のこと。肺炎、敗血症、腸炎、髄膜炎、胆管炎などがある。
★エンドトキシンショック　微生物の感染が体内の血液中に及び、侵入した微生物が壊れてエンドトキシンという物質が多量に放出され、そのために生体の免疫反応が急激に高まった際に陥るショック状態のこと。

いわれ、生物の生命を維持する電子伝達系で重要な役割を果たしています。約40年前から、心臓病、高血圧、脳血管障害、貧血、筋ジストロフィーおよび歯槽膿漏などの治療薬として使われていました。

最近、コエンザイムＱ10のインスリン様作用が見出されて、糖尿病への効能や、ダイエットや老化防止効果、アンチエージング効果など多くの機能性が報告され、健康食品としての用途も今後増加するものと思われます。光合成細菌菌体自体を、栄養源、ビタミン源として利用するほかに、クロレラやスピルリナのように、将来は、健康補助食品として利用されることもあり得ると思います。

我が国でのコエンザイムＱ10の実用的バイオ生産は、光合成細菌を用いて、旭化成（株）によって約35年前に始まったとされています。その後、酵母を用いた実用生産も別企業で行なわれるようになりました。

光合成細菌によるコエンザイムＱ10生産は、ビタミンB_{12}と同じく、暗・好気条件よりも明・嫌気条件のほうが高いのですが、明・嫌気条件では光照射の制限により菌体生産量が低くなってしまいます。そのため、Ｑ10の菌体内含量は高くても菌体自体の生産量が高いわけではないので、全体としてみると、明・嫌気条件ではＱ10生産量は高くはありません。

我々は、溶存酸素量（ＤＯ）をほぼゼロに保った暗・微好気条件での暗・好気培養で、高い菌体量と同時に、高いコエンザイムＱ10の生産を行なえることを見出しました。同じくSakatoらにより、光合成細菌を用いた酸化還元電位（ＯＲＰ）制御（マイナス２００mV）を行なった培養で、１３・５mg／g dry cellという高いコエンザイムＱ10生産と、高いバイオマス生産が可能となり、工業的に生産利用されています。

5．ＲＮＡおよびＥＰＳの生産――医学分野で用途拡大

光合成細菌のなかでも凝集性を有する菌は、菌体表面にＲＮＡ（リボ核酸）を主体とするＥＰＳ（91ページ注参照）を蓄積することが知られています。光合成細菌の一部は、ＲＮＡとして４４０mg／ℓの

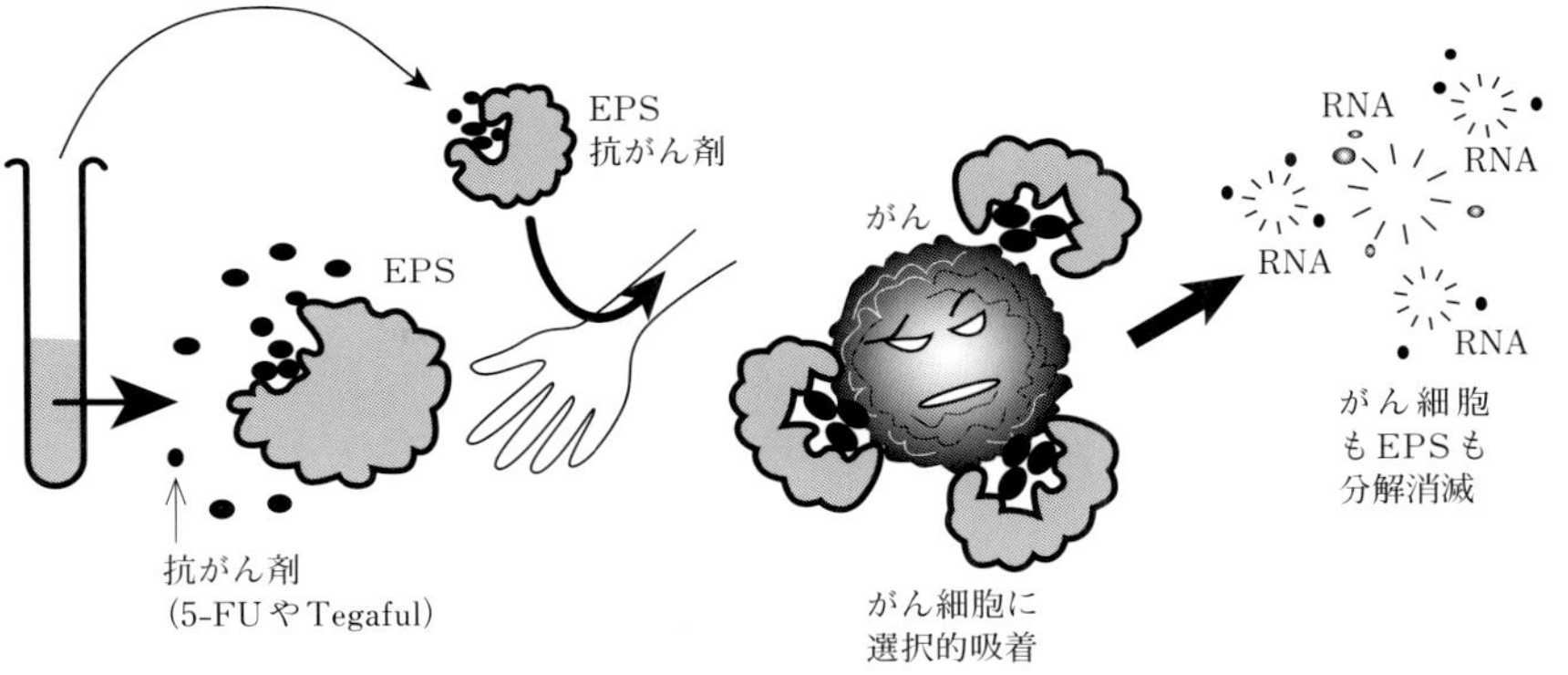

図６－１　光合成細菌のEPSによるドラッグデリバリ（DDS）

生産量を示し、通常の酵母による生産量の２～３倍の生産量を示すことが、我々の研究でわかっています。

核酸系調味料から医学用途まで

ＲＮＡはこれまでは、核酸系調味料として用いられてきましたが、最近、経腸栄養剤や術後の輸液の主成分として、主に医学的用途が広がっています。

ＲＮＡの医療効果としては、臓器の分化と発育、術後の感染症、合併症の予防（在入院期間の短縮）、タンパク質代謝改善、肝細胞再生促進、免疫能改善、腸粘膜保持、エネルギー代謝改善、虚血性再かん流障害の軽減など、多くの術後の効能が報告されています。とくにＲＮＡによる免疫能改善は、いろいろな医療分野で注目されています。また、移植拒絶反応の抑制やＭＲＳＡ感染症への効果、エンドトキシンショックへの効果などは、将来有用な医薬効果でもあります。

光合成細菌のＲＮＡ生産菌によるＲＮＡの安価な供給は、これらの医療への新しい道を拓く可能性もあります。

このＥＰＳも光合成細菌による生産が、最近、主に中国で活発に研究されており、これもお株を奪われるのではないかと危惧しているところです。

抗がん剤を患部に運ぶＤＤＳ機能

例えば、ＲＮＡを含むＥＰＳが、抗がん剤を患部に運ぶドラッグデリバリ（ＤＤＳ）機能を持っている可能性が、我々の研究で認められています。図６―１はその模式図です。これは、光合成細菌（ロドブルムＰＳ８８）の生産したＥＰＳが抗がん剤を吸着し、それを人体内に投与することで、体内のが

★ドラッグデリバリ（DDS）機能　抗がん剤を確実にがん細胞に運ぶ機能で、血中の抗がん剤濃度が高くならず、副作用が少ない。

ん細胞に選択的に運ばれて吸着し、そこで抗がん剤を放出してがん細胞を消滅させているところです。血液のpHである8・0付近でよく吸着し、また温度40℃でよく溶出することがわかっており、まさにこの作用は、現在DDSとして利用されているキトサンとほぼ同程度かやや優れた活性です。

しかも、RNAを主体とするEPSなので、がん細胞を消滅させると同時に体内で分解され、免疫機能改善やエネルギー代謝の改善その他の機能性を発揮してくれます。また、EPSに含まれていたRMAは生体成分として再利用され、体内に入った抗がん剤の残りも尿と一緒に排出されます。副作用が少ないのです。

光合成細菌成分が、次項で述べるALAのように、医薬品生産のもとになることも大いに期待されます。

6．5-アミノレブリン酸（ALA）の生産

ALA（5-アミノレブリン酸）は、ポルフィリンやビタミンB_{12}と同じくテトラピロール化合物の重要な生合成中間体（後述図7―2参照）でありながら、これまで大量生産の方法がなく、生理作用についてもあまり研究されていませんでした。しかし、私たちが実用的大量生産法を発明（1990年）した後に、コスモ石油に技術移転され、農業、医療に、今では世界中で使われている薬剤です。2000年頃まではALAは、化学合成によって生産された非常に高価な薬剤でしたが、光合成細菌により大量に安く生産できるようになったからです。

ALAの大量生産は、光合成細菌変異株を用いて、微好気状態でのORP（酸化還元電位）制御方式というコスモ石油が改良した培養方法により、発酵法による低いコスト生産が可能になっています。現在、さらに技術改良され、溶存酸素制御でより簡便に、世界最高レベルの72mM／培養液という高能率のALA生産が可能になっています（2015年）。

ALAの実用的用途は実に多様で、農業、医薬、食品分野で非常に将来性のあるものです。このことは次章に詳しく述べます。

7章　さらに広がる光合成細菌の新分野

——水素エネルギーからＡＬＡ生産、放射能汚染土壌の復活まで

光合成細菌の研究は近年ますます進んでいて、従来考えられなかった、また、不可能と思われていた分野にも光合成細菌の応用が広がっています。

本章では、次世代のクリーンエネルギーとして注目を集めている「水素」エネルギー、生分解性プラスチック生産、それに除草剤や成長促進剤、医薬品などで大きな話題を呼んでいるＡＬＡ（５-アミノレブリン酸）の生産、福島県での放射能除染など、光合成細菌の最新の応用例について紹介しましょう。

福島での光合成細菌ビーズによる土壌放射能除染

1. クリーンエネルギー　水素生産

水素は燃やしても水になるだけで、CO_2は発生せず、地球温暖化を防止できるクリーンなエネルギーとして注目を集めています。水素自動車や水素で発電できる水素燃料電池なども、新世代エネルギーとして実用化が進みつつあります。

光合成細菌が、ある条件下で水素ガスを発生することは、古く1960年代に知られていました。その後、1980~1990年代には、光合成細菌の水素生産は、限られた条件、つまりアンモニアなどの窒素源がないときや、タンパク質が合成できないときに、余ったエネルギーが水素となることがわかりました。つまり、光合成で余ったエネルギー、ATPと電子で、H^+が電子（－）を受け取り、H_2まで還元され、大気中に出てくることが解明されたのです（33ページ、非酸素発生型光合成の仕組み図参照）。

また、ニトロゲナーゼという、もともと窒素を固定してアンモニアに変える酵素の作用が強いと、水素がよく発生することがわかってきました。光合成細菌は珍しい水素発生機構を持っていることがわかっているのです。

光合成細菌を実用的な面で水素生産に応用する研究は、我が国では1980年代に三宅淳博士や松永是博士らにより進められました。ただ、コストの面がネックで、現在のところ、原油の値段が2倍以上にならないと、光合成細菌を利用した水素生産はコストに合わないといわれています。しかし、水素を発生したのち、副生する菌体が健康食品、農業、水産に利用できるので、このことを考慮に入れれば、実用的水素生産は十分可能と考えられます。今後の研究に期待がかかります。

2. 生分解性プラスチックの生産

一般に広く使われている石油系プラスチックは、長期間分解されなかったり、燃やすとダイオキシンなどの有害物質を発生したり、また、それ自体が環境ホルモン様有毒作用を持つものもあるなど、環境問題を引き起こすので、とても便利ではあるものの大きな問題を抱えています。

それに比べて生分解性プラスチックは、廃棄後短時間で自然界、土の中などで分解して消滅するので、

ALA
（5-アミノレブリン酸）

$$NH_2CH_2\overset{\overset{\displaystyle O}{\|}}{C}CH_2CH_2COOH$$

LA
（レブリン酸）

$$CH_3\overset{\overset{\displaystyle O}{\|}}{C}CH_2CH_2COOH$$

図7－1　ALAとLAの化学構造式

地球にやさしいプラスチックといわれています。

　光合成細菌は、菌体内に生分解性プラスチックを蓄積します。主にPHA（ポリハイドロキシアルカノエート）を生分解性プラスチックとして生産しますが、苗のポットやシートなど農業用資材、また、食品容器を中心に実用化が注目されています。紅色硫黄細菌のクロマチウムや、緑色硫黄細菌のチオシスチスやエクトチオロドプシラなどは蓄積が低く、やはり、ロドバクター　スフェロイデスがPHAは著しく多いようです。

　最近の私たちの研究では、スフェロイデスから新規に分離した株を利用して、光照射をしない暗条件で、好気培養だけで、菌体内PHA含量3・5g／ℓ、菌体の約60％のPHA大量生産が可能になっています。好気培養でPHAが生産できることは重要で、廃棄物などからの低いコストでのPHA生産に結びつくと期待できます。

3. ALAの生産と利用

　ALAは前述のように、ポルフィリンやビタミンB_{12}、バクテリオクロロフィルをつくる中間体として、光合成細菌や、植物全体（植物はクロロフィル）の体内で生合成される物質です。私たちはこのALAを大量に光合成細菌の培養液のなかに安定して生産する技術を世界に先駆けて開発し、今ではコスモ石油によって実用化され、ALAは〝アラちゃん〟の愛称で、我が国ばかりでなく、世界中で、農業、医療に使用されています。この章ではALAについて、さらに詳しく、大量生産技術の発明者である筆者らが説明しましょう。

(1) ALAとは—光合成細菌による開発秘話

アミノ酸の一種で高価な薬品

　ALAは5‐アミノレブリン酸というアミノ酸の一種で、その構造は図7—1です。ヒトの血液や肝臓のなかにも少し含まれ、ヒトのヘモグロビン合成の基になっています。また、クロロフィルやビタミンB_{12}の基にもなっている物質です。

　ALAは、我々の技術で光合成細菌を用いた大量培養ができるようになる1990年頃までは、化学合成でのみ生産されていました。レブリン酸やフル

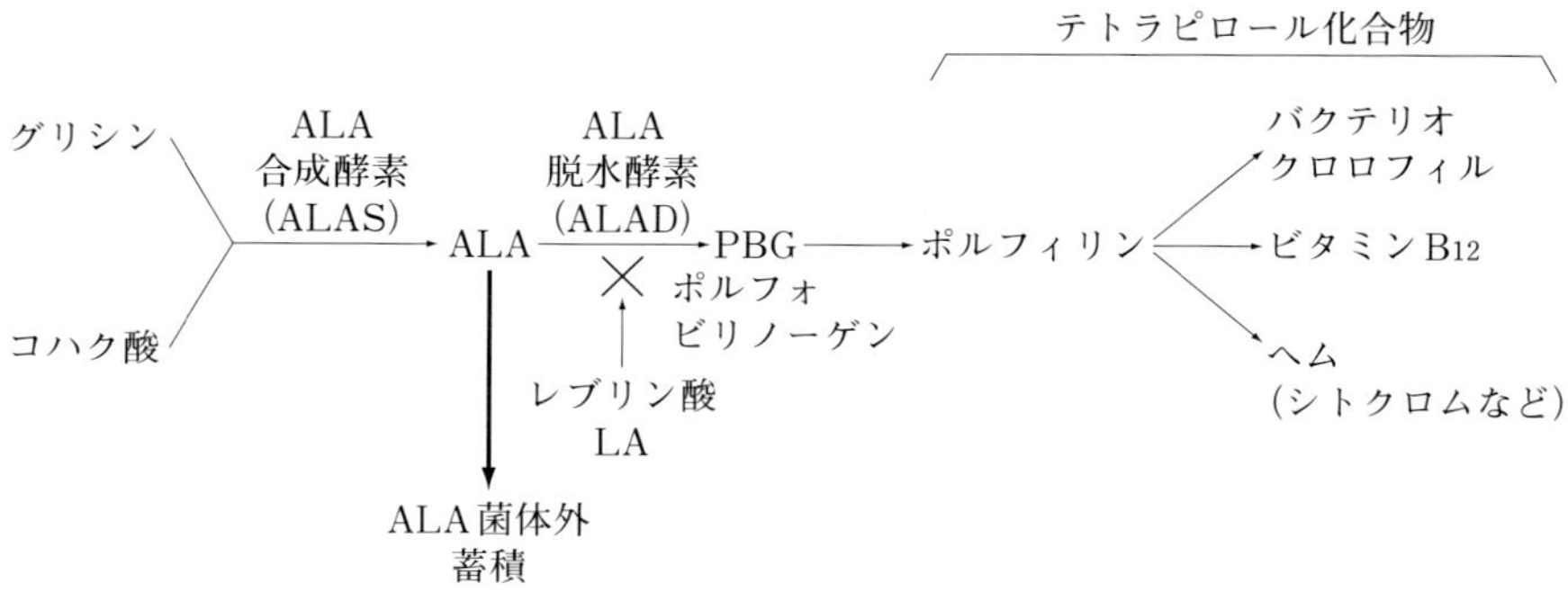

図７－２　光合成細菌におけるテトラピロール化合物生合成経路とレブリン酸添加による ALA 菌体外蓄積

フラールからも化学合成は可能でしたが、目的とする、アミノ基（NH_2）が5位の化学的な位置（図7―1、上の構造式で右から5番目のC）にくっついた5-アミノレブリン酸ばかりでなく、2位や3位にくっついたものも混在し、5-アミノレブリン酸のみの分離精製が難しいために、非常に高価な薬品でした。1990年代当時、シグマという海外の大手化学メーカーから輸入によってしか手に入りませんでした。

我々もビタミンB12生合成の研究に、添加材として少量使ったことがあるだけでした。

光合成細菌はALAを光合成細菌菌体内で造るのですがすぐに代謝され、ポルフィリンやバクテリオクロロフィルになることもわかっていました（図7―2）。また、ALAをごくわずか生産する藻類やバクテリアは1970年代にすでに知られていましたが、その生産量はごくごく微量で、とても生産といえる量ではありませんでした。

ALA生産に目覚める

1984年に私は衝撃的な論文を目にしました。それは、アメリカイリノイ大学のレバイツ教授が、ALAを1ℓに数mg投与するだけで、ヒトに安全な除草剤として使えることを報告したものでした。

当時、除草剤はパラコートという毒性の強い除草剤が世界中で使われていましたが、ALAの除草機構はパラコートと同じですが、ALAはヒトにも含まれており安全、つまり「完全に安全なパラコートの開発」という内容でした。殺虫機構（1988）もこの除草機構と同じで、ヒトに安全な殺虫剤ということでした。しかし、ALAは高価であり、ミリグラム（mg）というわずかな量であっても、使用することは実用的にはむずかしいものでした。

それらの論文を読んで、私は、学生時代のビタミンB_{12}生産実験のことを思い出しました。

ALAに構造のよく似たレブリン酸（図7―1下の「LA」）を加えると、ALAを少量ですが培養液に漏出させる光合成細菌の一株がありました。この時の結果は、レブリン酸添加でビタミンB_{12}の生産が促進するのではなく、むしろB_{12}はわずかしかつくらないということです。当然、これは無用の菌だ、レブリン酸も、ビタミンB_{12}の前駆体としては使えないと思い込んでいたものでした。

レバイツ教授の論文を目にした私は、ひょっとしたら、あの時の実験で発見した光合成細菌の一株は、ビタミンB_{12}生産にはだめだったけれど、ALA生産には重要な菌株だったかもしれないと直感したのです。当時の菌株はすでに保管していませんでしたが、近縁の菌はまだ持っていましたのでこの菌を用いて、ALAが生産できないかと研究を始めました。1985年頃のことです。

生かさぬよう、殺さぬように

最初はALAもごくわずかしかつくってくれず、あきらめかけたことも何度もありましたが、多くの、まさに多くの培養生産実験をくり返すうち、次第にたくさんできるようになってきて、μgからmgへと100～1000倍近く生産量を上げることに成功しました。

この新規性が、広島大学との共著で、1987年にJFB（日本生物工学会誌英文誌）に論文発表されています。バイオ技術、光合成細菌によるALA大量生産の世界初の論文でした。でも当時まだALA生産が光合成細菌で可能であり、それが実用になるとは誰も思わなかったようです。

ALAの大量生産は次のように行ないます。図7―2をご覧ください。

ビタミンB_{12}、バクテリオクロロフィル、ヘムなどをつくるテトラピロール生合成経路の途中にレブリン酸を培養中に加えることで、代謝を部分的に止め、普通は蓄積することのないALAを大量に菌体の外に吐き出させるのです。ただ、レブリン酸を入れ過ぎると代謝がすべて止まり、菌は死んでしまいます。菌を〝生かさぬよう、殺さぬよう〟うまく培養することで、ALAを大量に生産し続けるのです。これこそ、バイオの〝真髄〟の技術なのです。

この〝真髄〟は、あの香り豊かな淡麗な吟醸酒（日本酒）造りにもあてはまります。米を60％以上精米して糠（栄養分）をとことん取り除き、低温でしかもミネラル（栄養）の少ない軟水で発酵させ、酵母を栄養失調ぎみに〝生かさぬよう、殺さぬよう〟長期間生育させることで、あの香り豊かな淡麗な吟醸酒ができるのです。過度に発酵していないので、代謝物が少なくすっきりとしているのです。

　普通の醸造では適温で精米普通、ミネラルの多い硬水で発酵させます。この発酵では栄養豊かで、アルコールや代謝物（芳醇、コク）がよくできますが、酵母はゆったりぬくぬくと育っていますので、香りや、淡麗さは横着をして出さないのです。

　また、有名な「味の素」（グルタミン酸発酵）も、この〝生かさぬよう、殺さぬよう〟です。ビオチンというビタミンをごく少量だけ細菌（ブレビバクテリウム属）に与え、栄養失調ぎみで、菌を十分生育させずに、かといって殺さず、グルタミン酸だけどんどん合成させ続けるのです。そして大量生産が可能になっています。

　このバイオの〝真髄〟は、今では「代謝制御発酵」という学術用語で知られています。

（2）豚糞尿からＡＬＡ（バイオ農薬）の生産

光合成細菌ロドバクター　スフェロイデスＬａｓ株、この菌がＡＬＡを㎎の単位オーダーで菌体外、つまり培養液中に大量につくるお宝の菌でした。

　この菌は、50年以上も昔、広島大学発酵工学科で、光合成細菌研究の権威、イギリスのジューン　ラッセル教授から直接分譲された菌で、代々、研究室で保存培養されてきた菌でした。これはＮＣＩＢやＩＦＯという国際菌株保存機関に登録されているものと同じですが、広島大学で保管していたＬａｓ株は、これらと少し性質が変わっていて、ＡＬＡをより多くつくるものでした。

　後にＩＦＯから登録の菌株（いわゆるタイプカルチャー）を取り寄せ比較しましたが、ＡＬＡ生産能力はＬａｓ株のほうが強力でした。広島大学で保存培養中に自然にできた変異株と考えています。

豚糞尿を安全農薬に変える

　このＬａｓ株を使い、豚の糞尿からＡＬＡ生産、つまり廃棄物を除草剤（農薬）に変える実験を行ないました。豚の糞尿を嫌気発酵して、酢酸、プロピオン酸、酪酸などの有機酸に変え、この有機酸からALAを造ろうとしたのです。しかし、これも苦労の連続でした。

レブリン酸を加えた合成培地ではできるのに、豚糞尿で行なうとALAができないのです。そこで、レブリン酸やグリシン（出発物質）など、ALAの前駆体になる物質をいろいろな方法で加え、さらにいろいろなpHで培養することをくり返し、ついに除草剤としての実用的ALAが生産できる条件を、本学の学生、大槻和男君と数人の学生が発見してくれたのです。彼はもともと電子工学科所属でしたが、バイオ研究がしたいと、私の研究室に来ていた学生で、私と一緒に実験をしていました。

彼が夜中午前2時頃、興奮して私の自宅に電話をかけてきました。たまたま起きていて受話器を取ったのを今でも忘れません。自慢げに「へ～ン、先生、千倍希釈でも発色は真っ赤ですよ～ん」。つまり、ALA生産量を示す分析で、10mMオーダーで生産できていること、実用化成功の報告でした。

常々、「千倍希釈での分析で、試験管内の発色試薬（エールリッヒ試薬）が真っ赤にならないと実用的でない」といって、皆で実験を嫌になるほどくり返していたからです。この後、コスモ石油が共同研究企業としていろいろデータ整理に参画され、豚糞尿からの除草剤生産の論文は、バイオの分野で世界的にも有名な国際誌「AMB」に掲載されました（1990年）。

図7―3に、豚糞尿からの除草剤利用への実用的レベルでのALA生産を示します。レブリン酸とグリシンを毎日間欠的に添加することで、4・2mMのALAが生産されていることがわかります。pHは7・5以下に維持することが重要で、微アルカリ性で長く放置したり、長く培養を続けるとALAが減少することもわかりました。後に、pHを6付近に下げると、ALAの生産低下は防げることもわかりました。

除草は完璧、でも……

この培養液を大学周辺に生えていた種々の雑草に噴霧すると、2～3日でほぼ90％以上の除草ができることも判り、実用的な除草剤として使えることも

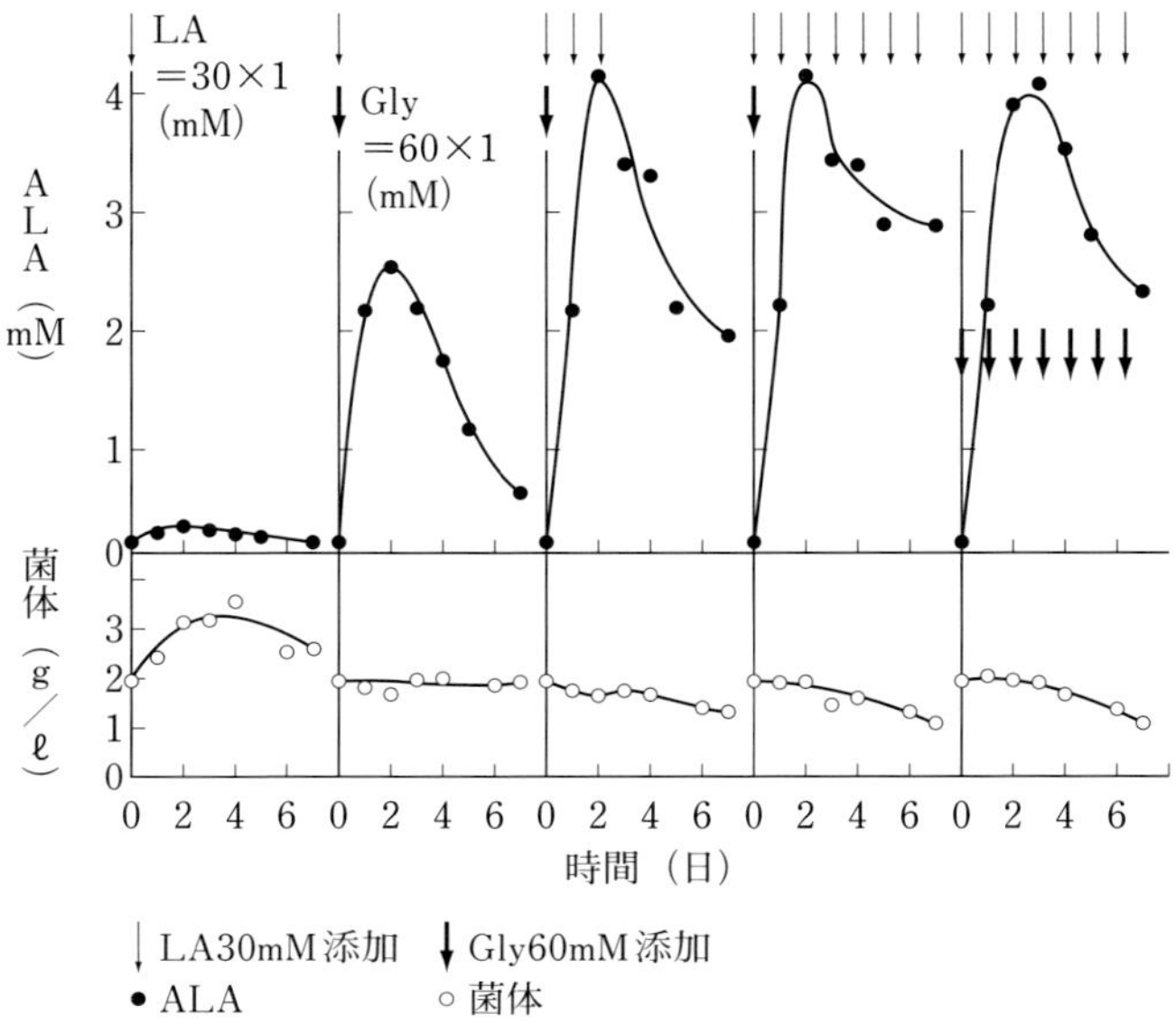

図7－3　ロドバクター　スフェロイデスによる豚糞尿嫌気消化脱離液からのALA生産、およびレブリン酸（LA）およびグリシン（Gly）の添加方法の影響（30℃、5,000ルクス）

確認しました（表7―1）。

レブリン酸は醤油にもいくらか含まれている有機酸で、グリシンはアミノ酸ですので、安全性も問題はありませんでした。廃棄物で、処理に困っている豚糞尿が、なんと安全な除草剤（農薬）に変わったのです。α、α'ジピリジルという薬を少し加えると、除草効果は100％まで増加させることができました。

いろいろな雑草に対する、除草効果を表7―2に示します。双子葉類の雑草に除草効果が高く、穀物である単子葉植物にはほとんど除草効果がないことがわかります。つまり、穀物栽培のときに伸びてくる雑草の除草に、実際に有効であることもわかりました。

しかし、困ったことが起きました。除草は十分できるのですが、2～3週間後には、散布する前以上に雑草が力強く生えてくるのです。これには頭を抱えました。除草剤としては大きな欠点です。

いろいろ文献検索や討論した結果、前述した方法で生産したALAを除草剤としてではなく、低濃度で散布することによって成長促進剤として農業分野

★ORP　液の酸化還元電位のことで、酸素計にも検出されないごくごく微量の酸素量を表わす。

表7—1　クローバーに対するALA含有豚糞尿嫌気消化脱離液の除草効果

	処理後（日）	除草活性（%）[a]		
		1	2	3
対照[b]		0	0	0
培養液[c]		83	90	95
培養液[c] ＋ α,α'ジピリジル	1mM	91	98	100
	3mM	96	100	100
	5mM	100	100	100

注）展着剤としてTritonX-100　1%添加。150cm^2当たり10mℓ噴霧。
a）枯死した葉の面積（%）、b）培養開始時の培養液（ALA＝0mM）、c）4日間培養後の培養液（ALA＝約4mM）

表7—2　ALAの除草効果試験

チドメグサ	4	双子葉雑草
カタバミ	4	
ムラサキツユクサ	4	
ヨモギ	4	
ヒルガオ	3	
エノコログサ	3	単子葉雑草
アレチノギク	2	
メヒシバ	1	
オヒシバ	0	
ヤエムグラ	2	
オオバコ	1	
シバ	0	
イネ	0	単子葉穀物
トウモロコシ	0	
オオムギ	1	
キビ	0	

注）表7－1のジピリジル5mMと同条件。4：90%以上、3：60～89%、2：30～59%、1：10～29%、0：0～9%

に使おうということで、農業への応用研究はコスモ石油に引き継ぎました。当時、使われている除草剤のなかには、低濃度では成長促進剤、高濃度では除草剤として使われているものもあったからです。工学部の我々に、当時は農業の研究はできませんでした。

　コスモ石油も、宇都宮大学やその他の研究機関に共同研究を申し込んで、農業への応用研究を進めていました。並行して菌の変異株をいろいろ造成し、より大量のALA工業生産方法の開発に努力され、独自のORP（酸化還元電位）制御というむずかしい制御方法で、変異株を用いた、光を用いない、暗・好気条件での工業的大量生産方法を確立して、今に至っています。

　この研究成果は1999年、日本生物工学会技術賞をコスモ石油の4名と佐々木で共同受賞しています。

(3) 成長促進剤、光合成補助剤、耐塩性付与剤としての利用

成長促進と光合成補助効果

ＡＬＡの成長促進剤としてのニンニクに対するデータを図７—４に示します。１００mg／ℓのＡＬＡの噴霧で、成長が１３９％増大していることがわかります。そのほか多くの植物で、表７—３に示すように成長促進効果（１・２～１・６倍の効果）が確認され、現在、農業部門に広く利用されています。

表７－３　種々の穀類や野菜の収量増に及ぼすALA散布の効果

	葉面散布ALA濃度（mg／ℓ）	収量増[1)]
米	100	110
大麦	30	141
	100	122
小麦	30	108
大豆	100	130
ホウレンソウ	100	140
二十日大根	30	141
ニンニク	30	138
	100	139
ジャガイモ	100	163

注1）ALAを散布せず、同条件で生育した対照実験での収量を100％とした

ＡＬＡがなぜ成長促進効果があるのかというと、ＡＬＡの噴霧で植物の光合成が活性化され、一方で暗呼吸が低減してCO_2の放出が少なくなるため、結果として、空気中の炭素固定＝正味の光合成産物量が上昇するからです。このことは学術的に証明されています。

ただ、ＡＬＡを噴霧するタイミングによって、成長促進効果に違いがある植物もあります。インゲンの場合は、双葉や第一葉が見えたとき、つまり地上に芽を出してすぐに噴霧したほうが、効果が出やすいようです。

さらに、ＡＬＡは、光が少ない場所（日照不足）での植物の健全な生育に効果があることも報告されています。

耐塩性・耐寒性・耐乾性

ＡＬＡの植物への耐塩性付与のデータはたくさんあります。灌水により土壌塩分をあげていくと作物はどうなるか？　表７—４に綿（もともと耐塩性がある）の例を示します。

塩化ナトリウム（NaCl）10g／ℓでは、３カ月

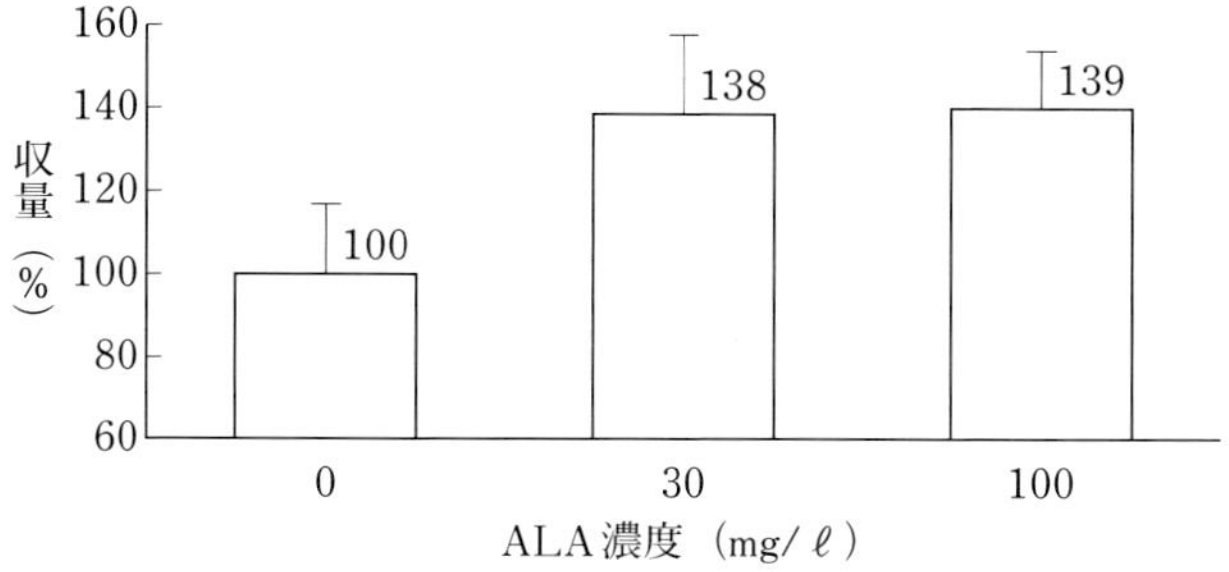

データ　200個体の平均
試験規模　1区0.3×10m
処理　茎葉処理

図７－４　ALA散布によるニンニク増収試験

後の生存率は25％ですが、ＡＬＡ１００mg／ℓ噴霧すると１００％生存し、生育も促進されていることがわかります。外国（サウジアラビア）で行なわれた耐塩性の１カ月の短期実験でも、綿は生育は悪くなりますが、ＡＬＡを噴霧すると、綿が成長しています。そのほか、トマトや小麦でのＡＬＡ添加効果は高く、いろいろなデータが出されており、確実に

表７－４　綿の長期育成（3カ月）での耐塩性

灌水NaCl処理濃度（g/ℓ）	ALA噴霧濃度（mg／ℓ）	生存率（%）	生育高さ（cm）
0	0	100	88.6 ± 37.5
	30	100	116 ± 39.8
	100	100	129 ± 22.9
10	0	25	57.0 ± 21.2
	30	88	60.6 ± 26.8
	100	100	79.6 ± 30.6

田中ら、植物の生長調節,36,190（2001）より修正

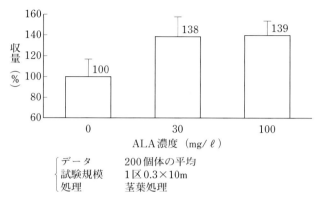

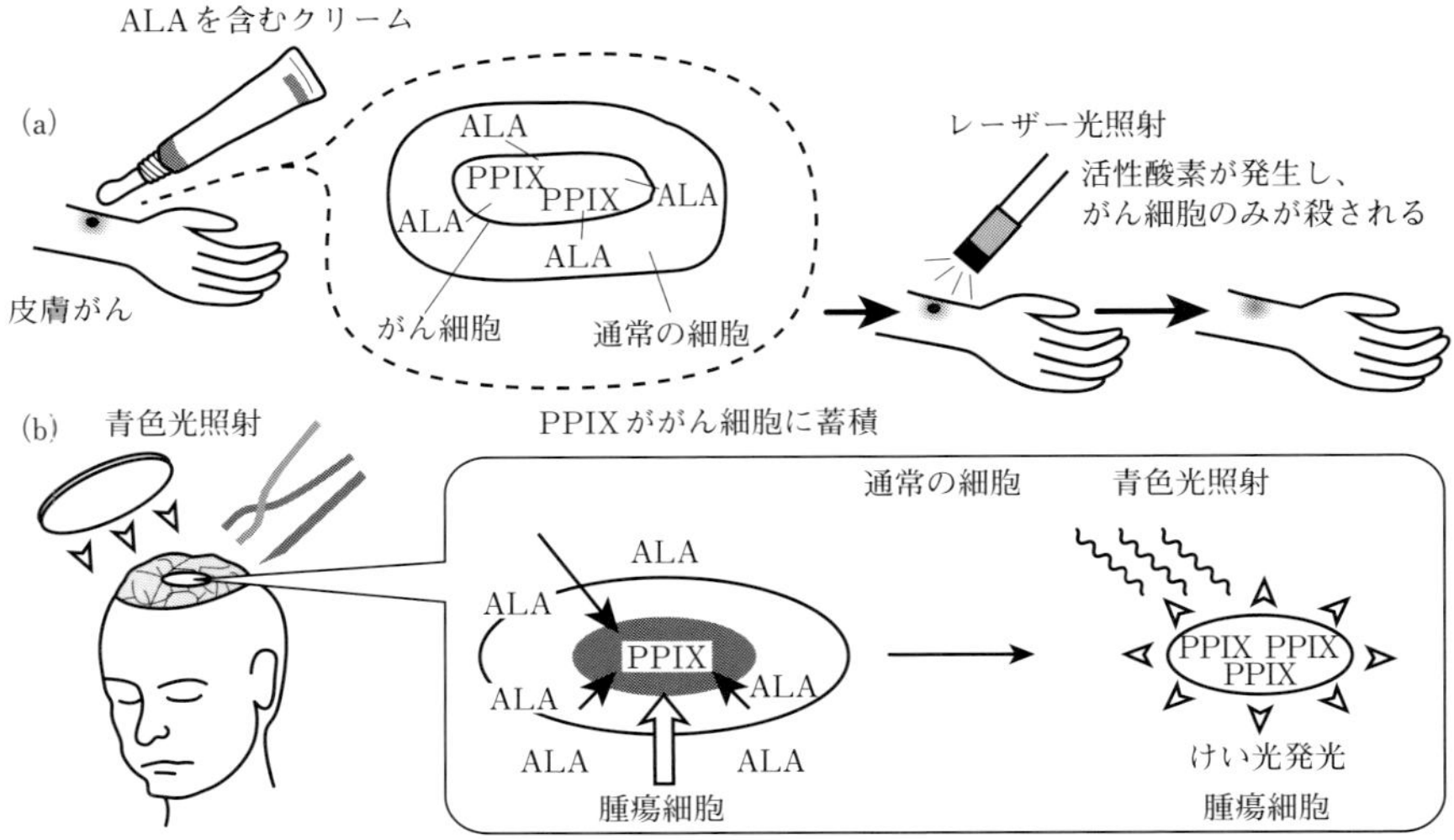

図7－5　ALAによる皮膚がんと悪性脳腫瘍の治療（Kennedyらや金子らの報告の改変）

(a) は皮膚がんのPhotodynamic therapy（光動力学的治療：PDT)、(b) は悪性脳腫瘍のPhotodynamic diagnosis(PDD)。いずれもALAやがんや悪性脳腫瘍に取り込まれ、プロトポルフィリンIX（PPIX）に変化し、レーザーや紫－青光線に反応することを利用。
佐々木ら：月刊バイオインダストリー、19,25-37（2002）より修正

耐塩性が付与されていることが判ります。ただし、灌水塩分が著しく高い（塩化ナトリウム15g／ℓ以上）と、ＡＬＡの耐塩性の効果も下がります。

ＡＬＡによる耐塩性の向上は、コスモ石油と宇都宮大学との研究で解明されています。ＡＬＡ噴霧によって根からのNa取り込みが制限されること、また、塩による光合成の阻害がＡＬＡの付与で低減されることなどが、耐塩性向上の理由です。

作物によってＡＬＡの耐塩性の現われ方も異なるようです。もともと耐塩性が低いレタスは、ＡＬＡの散布によって耐塩性が少し高まりますし、耐塩性が普通レベルのホウレンソウは、一気に耐塩性強のレベルにまで高まります。綿やアスパラガス、オクラ、ホウレンソウ、トマト、ナス、タマネギなどはもともと耐塩性がありますが、ＡＬＡの耐塩性向上効果も強いようです。塩害防止にも現在ではＡＬＡがよく使われています。

また、ＡＬＡ噴霧により、植物に耐寒性をもたらすことも明らかにされており、寒冷地での作物の栽培にもＡＬＡが効果ありと実証されています。乾燥にも強くなることが実証されており、中国の乾燥地

表7－5　農業・医療・健康その他へのALAの利用

分野	用途
農業分野	分解性除草剤、分解性殺虫剤、除草促進剤、植物成長促進剤および収量増、耐塩性、耐寒性、耐ストレス性付与、リンゴの着色増強、野菜の品質向上と鮮度保持、芝生の緑化、耐低照度性付与 砂漠を農地へ、花の色改善と棚もち向上（園芸） 放射能汚染土壌の農業への利用
医療分野	重金属、薬物毒性診断、ポルフィリン症診断、がん治療（皮膚がん、口腔がん、食道がん、膀胱がん、結腸がん、十二指腸がん、すい臓がん）、脳腫瘍術中診断、各種がんの簡便早期診断、術中確定診断 糖尿病改善、内臓脂質低減、リウマチ治療、血管腫治療、糸状菌感染治療、ペプチターゼ阻害剤、貧血改善、花粉症・アトピー改善、アレルギー性鼻炎治療 育毛と脱毛、日焼け防止、肌若返り、老化防止、ニキビ治療、健康促進、運動性向上 【研究レベル】マラリア治療、MRSA（薬剤耐性黄色ブドウ球菌）治療、男性不妊治療、抗がん剤による腎臓副作用の防止
その他の分野	ヘム含有酵素生産、ポルフィリン、ビタミンB_{12}生産、動植物細胞培養、遺伝子組換え培養、養魚の寄生虫感染防止、羊の毛の育成制御

佐々木ら：月刊バイオインダストリー ,19,25-37（2002）の表を修正。インターネット情報も加えた

帯での砂漠化防止の実証実験も行なわれています。

ＡＬＡの農業への利用について、多くの情報や文献から表7－5の上部にまとめました。多くの有用性があります。

(4)　がん治療、がんの検出など医療への応用

カナダのケネディーらは1990年、ＡＬＡをヒトの皮膚がんの治療に、また、金子らはヒトの脳腫瘍の術中診断にＡＬＡを用いました。図7－5にその概略を模式的に示します。

ＡＬＡを含む軟膏を皮膚がんの部分に塗ると、がん細胞は素早くＡＬＡを吸収し、プロトポルフィリンⅨ型というポルフィリンをつくります。これは光増感作用があり、これにレーザー光を当てると、活性酸素が生じ、がん細胞が死滅するというものです。正常細胞はプロトポルフィリンⅨを生じないため、レーザー照射でも害がないという、画期的な治療法でした。これは光動力学的治療、ＰＤＴ（Photo dynamic therapy）とも呼ばれました。

がん治療法PDTに欠かせないALA

実はPDTという治療法は、すでにヘマトポルフィリンを用いて行なわれていたのですが、ヘマトポルフィリンのがん選択性が乏しく、全身が光過敏症になり、患者は1カ月以上も暗い部屋で過ごさねばならず、たいそうな苦痛を与えるものでした。

ALAでのPDTはがん選択性が高く、外来で通院でも行なうことができ、しかも効果が高い画期的なものでした。ALAの大量販売が可能になると、多くの医療機関でさまざまながんに対してPDTが試みられ、レーザー治療ができるようになってきました。

また、前出の金子らは、ALAを悪性脳腫瘍の術中診断に用いて効果を上げています。悪性脳腫瘍は約1年でほぼ全員死亡という恐ろしいがんですが、手術中にALAを点滴して、腫瘍細胞のみに蓄積したプロトポルフィリンⅨを特殊なライトで照射すると、がんが転移した細胞は赤く光るため、確実にがん細胞のみを切除できるようになりました。再発がなく、手術後の生存率も大幅に改善されたそうです。

私の甥は慶応大学医学部出身の脳外科医ですが、ALAの悪性腫瘍の手術にも関与したことがあり、ALAは今では脳外科分野ではなくてはならない薬だと言っています。1990年頃ALAが脳外科分野で使われ始めた頃、彼はALA生産の発明者が私であることを知らず、医学論文の引用文献中に私の名前があることを知り、確認の電話をしてきました。大そう驚いていたのを覚えています。

ALAを用いたPDTは、今では我が国ばかりか、世界中の多くの大学や医療機関で行なわれており、2013年には薬事登録がなされ、臨床での使用が簡単になったそうです。

現在では、各種がんの早期簡便検出や手術中の診断などに、ALAは既に広く実用化されています。

驚くべき医学的多様性、適用幅の広さ

前出の表7—5に、ALAの医学への応用をまとめました、多くが実用段階です。ここ数年のALA医学研究は素晴らしいものがあります。

とくに注目されるのは、糖尿病改善効果です。これは既に臨床試験データも多く出ており、ALAを50㎎飲むだけで、糖尿病が改善するという画期的な

ものです。国民病といわれる生活習慣病ですが、ALAによりこれらが改善するということは、我が国の国民的医療を根本から変えうる可能性も指摘されています。高価な抗がん剤や薬ではなく、安価に光合成細菌からでき、膨大な医療保険を節約できる物質（薬？）だからです。

花粉症やアトピー改善、アレルギーの治療にも効果があることが認められています。これらも国民病といってよいでしょう。

ALAの育毛効果も医学的に確認されています。ALAの頭部への塗布で、5％ミノキシジル（商品名「リアップ」）より1・8倍上回る効果も、ヒトの実験で確認されています。

その他ALAはニキビの治療や、美容にも多くの効果があることが確認され、化粧品としても実用化され販売されています。今後、老化防止、アンチエージングでの利用が増加するものと期待されています。このように、健康維持へのALAの使用が今後重要になってくると思われます。

内臓脂質低減効果（ダイエット、肥満防止）効果なども医学的に証明され販売されております（SBIアラプラモ株式会社）。今後の世界中での商品化が期待されます。

これらの多くのALAの効果は、細胞内のミトコンドリアでのヘム代謝（テトラピロール代謝）の促進で現われると証明されつつあります。

さらにALAの適用範囲は広く、研究段階ですが、マラリアの治療、MRSA（薬剤耐性黄色ブドウ球菌）治療、男性不妊治療、さらには、抗がん剤による腎臓副作用の防止など、今まで不可能であった治療が、ALAにより可能になってきつつあります。まさに、ALAは医療を変える、といってもいい現状があります。

ALAは今後世界の医学を変えうる、重要な物質であるようです。

4．福島原発事故での放射能除染

我々は、2011～2013年にかけて、光合成細菌を用いて、福島県の放射能汚染地域での新たな放射能除去技術を発明しました。

すでに重金属除去のところでも述べましたが、光合成細菌によってカドミウムなどを吸着除去できる

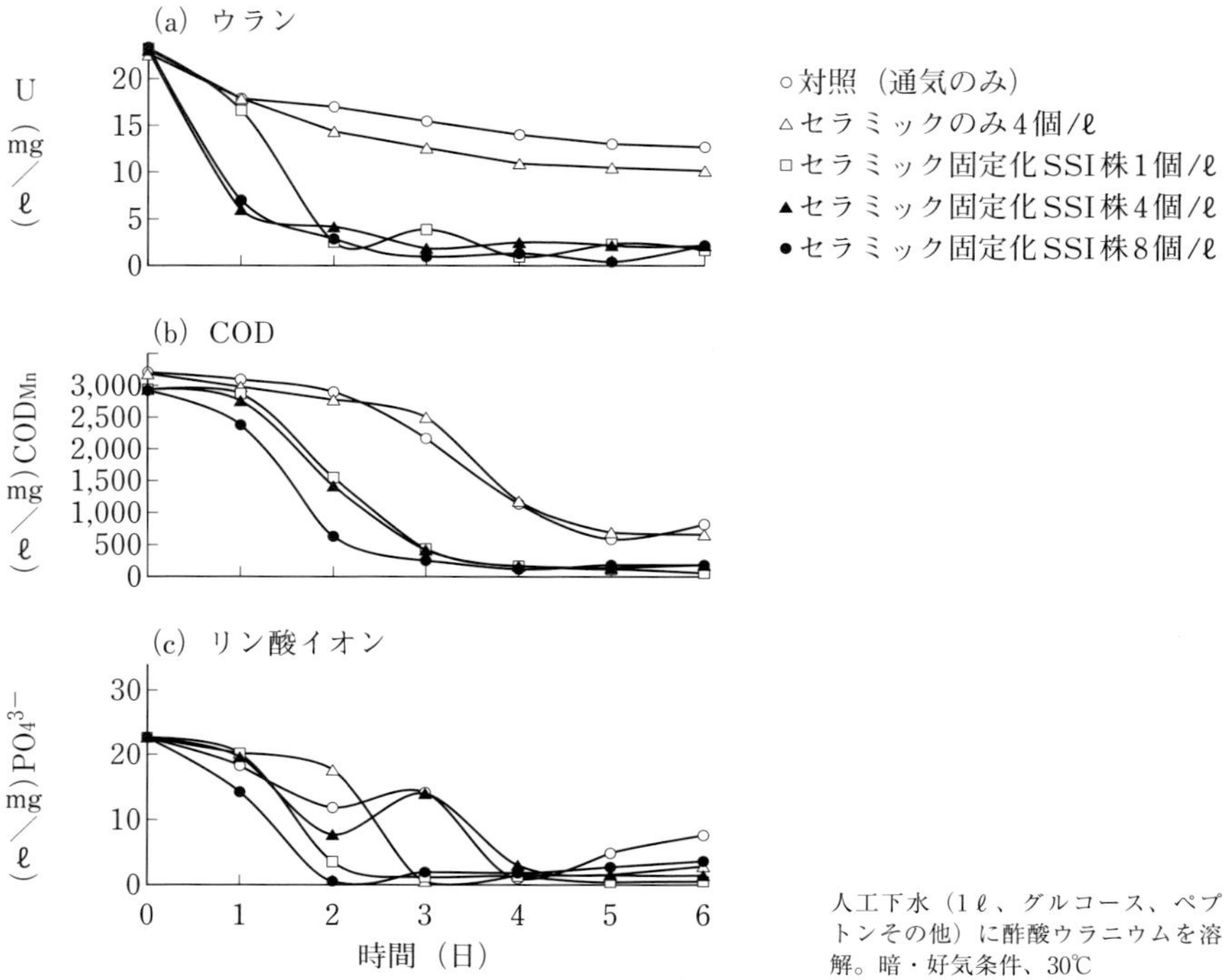

人工下水（1ℓ、グルコース、ペプトンその他）に酢酸ウラニウムを溶解。暗・好気条件、30℃

図7—6　回収型多孔質セラミック固定化SSI株によるウラン、COD、PO_4^{3-}（リン酸イオン）の除去

ことは明らかにしていました、さらに、イラン・イラク戦争や湾岸戦争で大量に使用された劣化ウラン弾による放射能汚染で、現地の地下水や土壌が放射能汚染され、放射能障害による、新たな〝ヒバクシャ〟が生まれていることを、現地調査したヒロシマの平和団体関係者から聞いていました。そこで、ヒロシマの技術者として、何とか専門である光合成細菌を用いたバイオ技術で放射能除染ができないものかと、約15年前より研究を進めてきました。

そして、多孔質セラミックに固定化した光合成細菌、ロドバクター　スフェロイデスＳＳＩ株により、高い効率で水に含まれるウラン、コバルト、セシウム、ストロンチウムの除去に成功しました。これは５章で述べた回収型多孔質セラミックの利用です。福島原発事故の５年前、２００６年のことです。

(1) 磁石回収型の固定化光合成細菌で放射能汚染を除去

この多孔質セラミックは、トライポット型の枝の一部に約５％の鉄を囲い込んでおり、これらの放射性核種を固定化光合成細菌が吸着除去した後に、電

ガラス廃棄物で製造した多孔質セラミック
黒く見える部分に鉄が焼き込まれていて、
磁石で回収できる（図5—9も参照）

気磁石で回収できるようになっている優れモノです。さらに、このトライポット型多孔質セラミックは高価なので、ガラス廃棄物から製造した多孔質セラミックに鉄を焼き込み、磁石で回収できるようにした固定化担体を試作しました。これらのセラミックは第5章の図5—9に示しました。

この磁石回収型のトライポット型多孔質セラミックによるウランの結果を、図7—6に示します。約2日でウランのほぼ100％が除去され、人工下水の汚れ成分であるCODやリン酸イオンも同時に除去されていることがわかります。ストロンチウムも同様に、3日でほぼ100％除去されていることがわかります（データは省略）。つまり、放射能汚染された汚れた水も浄化できるということです。

多孔質セラミックに固定化されたウラン、ストロンチウム、有害金属は、回収後、ナトリウムを含む溶液につけると、固定化したアルギンゲル（個体）がゾル（液体）に変化し溶け出てくるので、濃縮液として回収できます。セラミックには再び光合成細菌を固定化して、再利用することができます。超音波を掛けると、セラミックからのゾルの溶出がより速くなることが判っています。また、塩酸洗浄と超音波処理でも、セラミックからウランやストロンチウムを含む濃縮液の回収ができます。

(2) 福島県の汚染地域で除染に挑戦

2011年の福島原子力発電所の事故以来、我々のバイオ技術による放射性核種の除去技術が注目を集め、我々も直ちに、屋外1tタンクを用いたセシウムの実用的除去について検討を始めました。そして、屋外実証試験で、廃棄ガラスに固定化したSSI株で、3日で約100％のセシウム除去に成功しました。

福島公立学校のプール水の除染での成果

セシウム除去のことがTVの全国放送で放映され、福島市役所から、市内の公立学校のプールの水の除染を依頼され、2011年の8月より実習試験を始めました。

この時、すでに福島市中ではヨウ素やストロンチウムは検出されず、放射能はセシウムのみでした。さらに驚いたことには、放射能は水の中にはほとんど存在せず、底のヘドロの中に存在することが判りました。後から、土壌の除染も行なうようになって判ったことですが、放射性セシウムの多くは、有機物に結合した形で存在していることが明らかになってきました。

そこで、プールの底のヘドロを、キトサンという天然有機性凝集剤で沈殿させ、これに固定化光合成細菌ＳＳＩ株を用いて、除染の実験を行ないました。この時は、廃棄ガラスに固定化した光合成細菌ではなく、１～３㎝のビーズ状にアルギン酸で固定化した固定化光合成細菌を用いました。このビーズを用

写真７－１　福島公立学校プールの水の除染

上：プールの水の除染（固定化光合成細菌ビーズ使用）
下：放射能が強い底のヘドロを固定化光合成細菌ビーズで除染

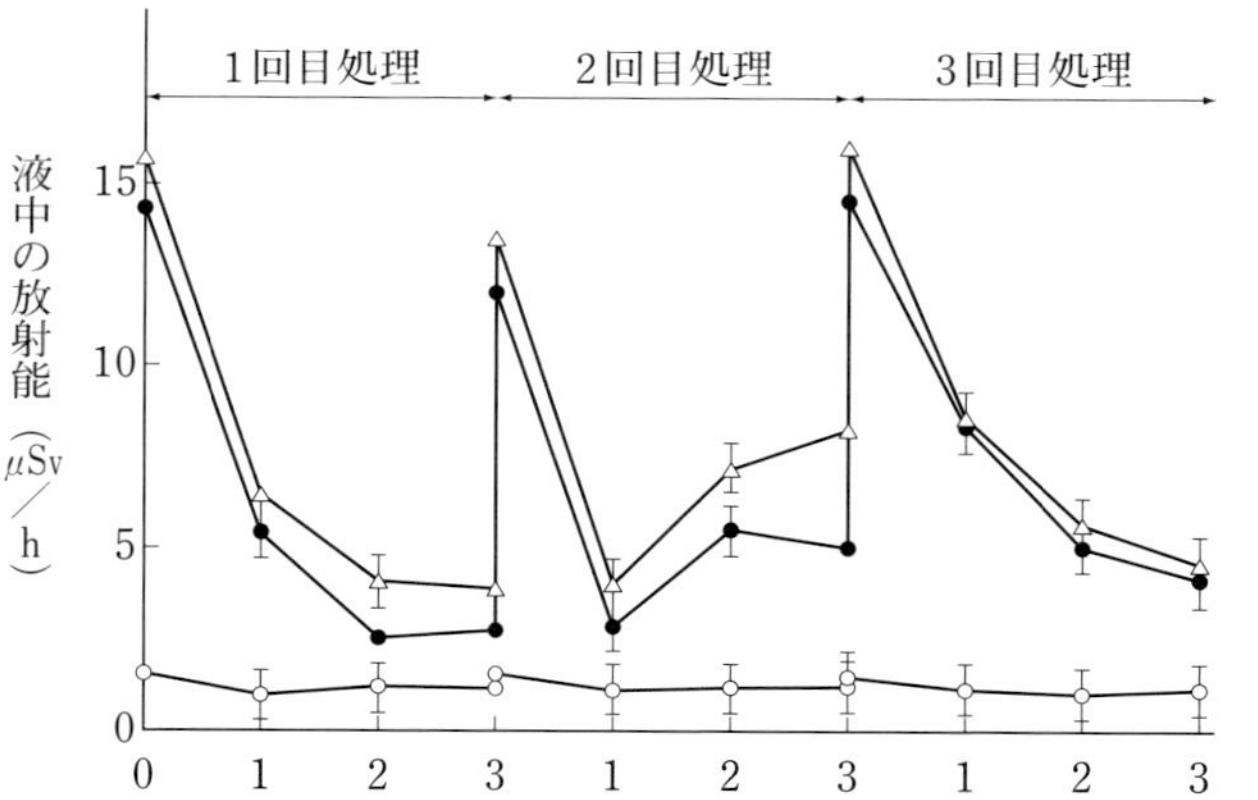

●：ヘドロ懸濁液の放射能、△：濾過後のヘドロ沈殿部の放射能、○濾過後の水部分の放射能。ロドバクタースフェロイデスSSI株を使用。ヘドロを硝酸処理した後、60ℓ用コンテナに入れ、ビーズをメッシュに入れて投入し、人工下水成分を添加して暗・好気条件で通気しつつ（0.2～0.3vvm）除染を行なった。朝10時の温度変化を下部に記した。３回のくり返し処理は同じビーズを用い、ヘドロのみ入れ替えた

図７－７　ビーズ状の固定化光合成細菌による水泳プールのヘドロ放射能除染

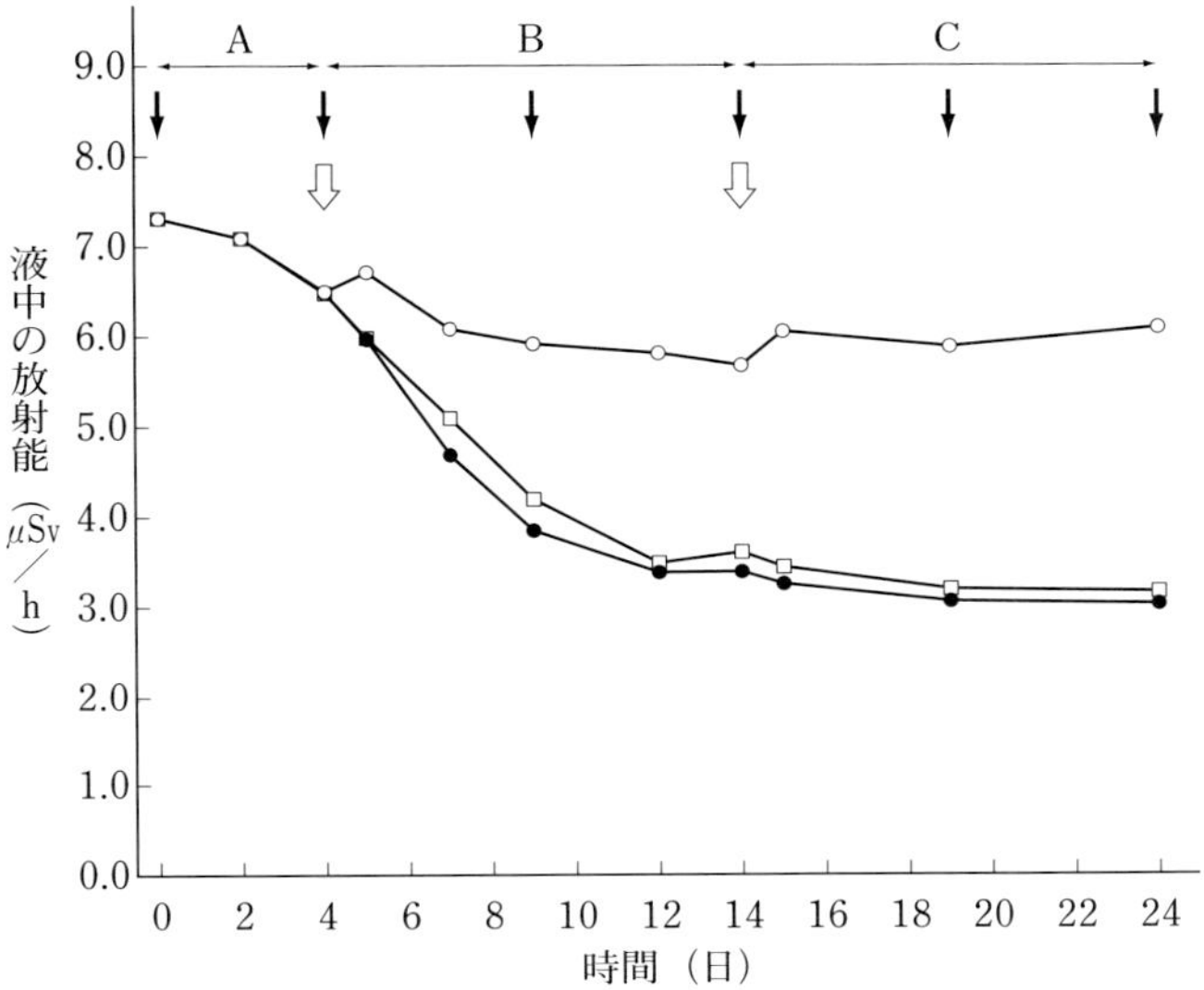

図7－8　放射能汚染土壌に対する、光合成細菌と乳酸発酵および嫌気消化による除染

ロドバクター　スフェロイデスSSI株を固定したビーズを使用。土壌5kgに対し水10ℓを加えた懸濁液。図のAの期間で、乳酸発酵および嫌気消化を35℃で行なった。その後、Bの期間で、SSI株固定化アルギン酸ビーズ（1～2cm大）を2～3袋（ビーズ400～600個）を入れ、人工下水成分を添加して、0.2～0.3vvm通気を行ないつつ除染を行なった。pHは毎日6.0～7.5の間に調整した。Cの期間は、ビーズを新しいものに入れ替え好気除染を継続した。
○：対照、ビーズ添加無、□：ビーズ2袋投入（400個/10ℓ）、●：ビーズ3袋投入（600個/10ℓ）

いると、回収後に焼却すれば、重量、容量が減容できると思われたからです。

図7―7に、福島公立学校のプールの底のヘドロを、固定化光合成細菌ビーズにより、除染した結果を示します。60ℓのコンテナで行なった実証試験の様子を、写真7―1に示します。

3日で、放射能の約90%が除去されていることがわかります。同じビーズを用いてヘドロだけを入れ替えても、同じように3日で放射能が除去されており、少なくとも3回はくり返し除去ができることが判りました。このように、実用的にバイオ技術での除染が成功したのは世界初のことでした。

メッシュに入れたビーズは、回収後、約600℃以下で焼却すると、放射能の飛散なしで、重量と容量が97%以上減容できることがわかり、この方法での除染だと、福島で問題になっている仮置き場や中間保管の問題も解消できることがわかりました。

汚染土壌での除染作業の成果

福島市内の中学校でヘドロの放射性セシウム除去が成功したので、南相馬のグループの依頼により、

写真7－2　高放射能汚染土壌を光合成細菌で除染し栽培した安心安全野菜（無農薬）

表7－6で実施した除染後の土壌を用いて栽培を行なった

南相馬での放射能汚染土壌の除染に取り組みました。

20ℓ規模のコンテナに、土壌5kgと水10ℓを加え、固定化光合成細菌ビーズをメッシュに入れ投入して、栄養源と空気を与えつつ除染を行ないました。しかし、ヘドロのようには除去はうまくいかず、ビーズを入れ替えてもせいぜい約30%しか除染できませんでした。放射セシウムは、土壌の表面の有機物に強く結びついていることが考えられました。

そこで、我々は有機物を多く含むヘドロ浄化に、有機物分解力の優れた乳酸菌を用いて浄化した過去の実用的な経験を生かし、まず乳酸菌で土壌の乳酸発酵（嫌気発酵）を行なった後に、光合成細菌ビーズで処理してみました。この方法だと、図7—8に示すように、液中に含まれている約60%の放射能が除去されている結果を得ることができました。

この時、処理前の土壌の放射能は土壌直近で10・

表7－6　光合成細菌固定化粒および培養液による高放射能汚染土壌の除染と野菜の栽培

	土壌	除去方式	土壌放射線量（Bq/kgdw）	放射能除去率	野菜放射線量（Bq/kgfw）	
A	除染前	—	87.181	—	—	—
	除染後	粒	35.340	59.5	—	—
B	除染前	—	36.490	—	小松菜454	チンゲン菜324
	除染後	粒	9.855	73.0	小松菜107	チンゲン菜78
	除染後	培養液	14.366	60.6	小松菜ND	チンゲン菜50
C	除染前	—	13.602	—	小松菜477	チンゲン菜502
	除染後	培養液	7.315	46.2	小松菜63	チンゲン菜57

注）野菜食用基準：100Bq/kgfw以下（幼児の場合50Bq/kgfw以下）
除去方式：粒は光合成細菌の粒（ビーズ）、培養液は赤い培養液をそのまま使用

6マイクロシーベルト（μSv／h）で、除染後の土壌は3・5に低下していましたので、土壌の除染としては67％、約70％の除染達成でした。バイオでこのように土壌除染に成功したのも世界初でした。

写真7－3　福島県での放射能汚染土壌に対する光合成細菌による除染作業

土と水を懸濁し（上）、固定化光合成細菌（ロドバクター　スフェロイデスSSI株）ビーズを投入（下）

農業復興、農業再生の可能性が見えた

２０１３〜２０１５年にかけて、我々広島国際学院大学は、名水バイオ研究所と共同で福島での除染実験と野菜栽培を行ない、光合成細菌（ＳＳＩ株）による、世界初の画期的な成果を得ました。放射能汚染があっても、光合成細菌を除染に用いると、安心安全野菜が栽培できるというものです。3万〜4万ベクレル（Bq/kg）の高放射能汚染土壌でも、光合成細菌処理により50ベクレル（Bq/kg）以下の、安心安全な野菜栽培が可能なことを実証しました（写真7—2）。

既に論文発表もしていますが、60ℓコンテナを用いた簡便な屋外除染実証試験で得られた結果を表7—6に示します。表中の除去方式というのは、光合成細菌の粒（ビーズ）を用いるか、培養液そのものを用いるかの違いです。

約4万ベクレルの高い放射能汚染土壌でも、放射能除染率は46・2〜73・0％ですが、なんとその除染処理した土壌で栽培した小松菜、チンゲン菜の放射線量は、ほぼすべて食用基準値以下になっていることがわかりました。除染前の土壌で栽培したものは放射能が高く、食用不可能です。

また、1万ベクレル以上の土壌では、どんな特殊カリウム肥料を使っても、現在（２０１５年）、福島では安心安全野菜栽培は不可能です。つまり、光合成細菌を使用すれば、放射能汚染があっても、農業が可能になるということです。不可能が可能にな

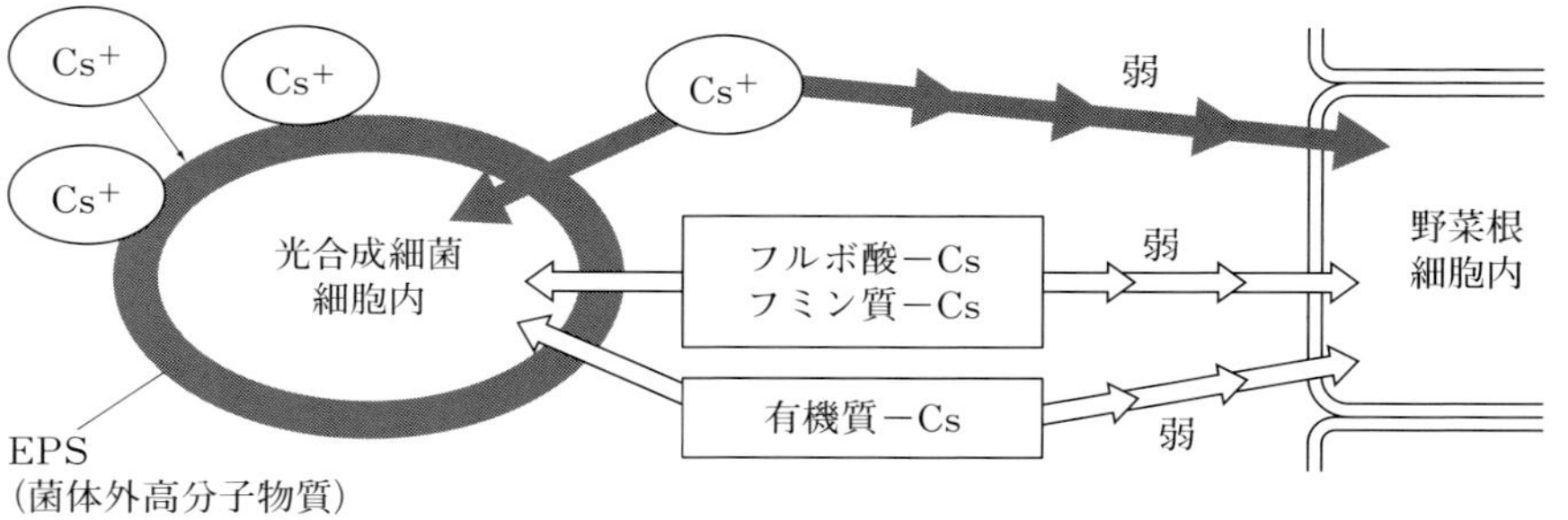

図7－9　光合成細菌SSI株のCs（セシウム）の吸着、取り込み機構と野菜根細胞のCs取り込みの減少の機構（佐々木仮説）

EPS：菌体外高分子物質（表面が負電荷）；➡カリウムポンプ；⇨未知の取り込み機構

光合成細菌SSI株が菌体表面EPSにCs^+を吸着するのに加え、カリウムポンプおよび未知の有機質とフルボ酸やフミン質結合Csの取り込み機構により、野菜根細胞より優先的に（先に）Csを吸着、取り込みを行なう（推定）

るのです。ただ、現在のところ、約4～5万ベクレルの放射能汚染までなら、大丈夫ということです。

現在（２０１５年）も、浪江町、飯館村、南相馬市、大熊町、双葉町などでは5万ベクレル程度の汚染土壌は広く分布し、農業は不可能と皆さん諦めていますが、光合成細菌ＳＳＩ株を使えば、農業復活、農業再生は可能なのです。さらに、フレコンバッグで中間保管場所に大量に保管してある土壌も、この方法で除染し、元の位置に戻すことも可能になってきました。

写真7―3に示すように、この技術は簡単で誰にでもすぐに取りかかることができます。国は土壌放射能除染は行なわない方針のようで、表面の土地を剥ぎ取り、中間保管場所に保管する「いわゆる除染」に重点を置いているようです。しかし、光合成細菌を用いたこの技術では、今汚染された自分の土地で、農業復興が可能な場所も、福島には多くあるのです。

汚染土壌の画期的な除染メカニズム

光合成細菌ＳＳＩ株が、放射性物質を吸着除去できることは15年も前から我々は認識しておりまし

★原著論文：佐々木慧ら 2015 福島の高放射線汚染土壌の光合成細菌による除染および安全な野菜栽培、用水と廃水、57巻6号、P458-467。

た。この度、土壌除染後の土で野菜栽培を行ない、いろいろな現地での実験から、光合成細菌の放射能除染メカニズムは画期的であることを見出しました。

図7―9に、光合成細菌の放射性セシウム土壌除染と野菜への放射能の移行のメカニズムを示します（佐々木仮説）。

光合成細菌ＳＳＩ株は、放射性セシウムを菌の表面に吸着します。これは既に述べた菌の表面のＥＰＳによるものです。さらにＳＳＩ株は強力なカリウムポンプにより、カリウムとセシウムを一緒に菌体内に取り込んで除染していることがほぼ確定的になりました。カリウムポンプとは、植物が栄養源であるカリウムを根から植物体内に取り込む、重要な働きです。どの植物にも備わっています。セシウムはカリウムと性質が似ているので、カリウムと一緒に植物体内に取り込まれるのです。

しかも画期的なことは、このカリウムポンプが野菜の根のそれよりも強力で、光合成細菌で除染すると、野菜に移行する（移行できる）土壌中の放射性セシウムは、既にほとんど光合成細菌に取り込まれており、もはや野菜に移行できなくなっているのです。

さらに、福島の土壌放射能の多くは有機質と結合した状態（有機質―Cs、フルボ酸―Cs、フミン質―Cs）で存在していると推定されており、これらも光合成細菌が優先的に取り込んで、野菜に放射能が移行しないようにしていることが、実証試験で明らかになったのです（学術的に検証中）。ですから、光合成細菌で除染処理した土壌に放射能が残っていても、それは土壌結晶に化学的に強く結びついた結合性のセシウムで、これは野菜には移行できないのです。

このように、光合成細菌による土壌放射能除染は、他の土壌化学薬品処理や物理学的処理、ゼオライト処理では不可能な、選択的放射能除染を行なっていることがほぼ明らかになっています。このような除染メカニズムはいまだ知られていません。

光合成細菌固定化粒や培養液は回収でき、土壌から取り除くことができます。回収した粒や培養液は焼却して（97％以上減容化が可能）、どこか敷地内に保管できます（現法律では８０００Bq／kg以上の物質は移動ができない）。少しややこしいですが、とにかく光合成細菌を使えば、農業ができる土壌になるということです（詳しくは前ページ★の原著論文を参照）。

誰にでもできるコンパクト技術として

この簡単簡便、農業復活除染技術を広く福島で普及するべく活動を行なっています。5万ベクレル程度の汚染地帯は、今なお福島には広く分布していて、これらの土地で農業復興ができれば非常に有益です。さらに、10万ベクレル以上の高い放射能汚染地帯でも、農業復活ができるようにも現在取り組んでいます。

現在、土壌の放射能の除染は、シュウ酸や硝酸などで土壌を洗浄し、溶け出たセシウムをゼオライトや吸着材で吸着するのが主流となっています。しかし大きな設備が必要で、また、酸や吸着材など放射性廃棄物が多く生じ、廃棄物の中間保管の確保なども大きな問題になっており、なかなか土壌除染は進んでいません。それで土壌を剥ぎ取り、反転するか、中間保管場所に仮置きしている現状で、よりコンパクトな土壌除染技術の開発が望まれています。

土壌を剥ぎ取って反転や移動させなくても、我々の方法で除染した土を戻せば、空間線量は大幅（3分の1以下）に低下することがわかっており、とくに放射能汚染の激しい地域での帰還が可能になる技術でもあります。農業復活への有効な除染技術であることがわかっています。

我々の技術は、大きな設備もいらずに、どこでも簡便に土壌除染ができる画期的なものです。現在、復興、とくに農業への復興に貢献すべく、土壌、水、ヘドロの除染の活動を継続しているところです。上流側のこれらの除染に早く手をつけなければ、降雨などの影響で、下流域や海や海底のヘドロにますます放射能汚染は広がるからです。2014年現在、南相馬市や福島県内の多くのため池のヘドロ、河口のヘドロに多量の放射能の蓄積が認められ、水産物への影響が心配されています。

このように、光合成細菌は放射能汚染された福島でも、放射能除染に現実に活用できる技術であることがわかっています。

終章　光合成細菌が地球の未来を変える

光合成細菌は素晴らしい未来を期待させる微生物です。光合成細菌の利用は、地球の未来を変えると言ってもいいかもしれません。

本書のなかで、科学的成果に基づいた農業・畜産・水産業への光合成細菌の利用（4章）、環境浄化への利用（5章）、健康食品や医薬品への利用（6章）、さらには急速に研究が進んでいる水素エネルギーや医療分野、ALAのアンチエージングへの利用、放射能除染への利用（7章）など、私たちの暮らしをささえるあらゆる場面で活躍しているなど、知られざる光合成細菌の素顔を紹介してきました。

しかし、光合成細菌の応用研究はいまだ発展途上です。

最後に、40年以上光合成細菌の研究に打ち込んできた一人の技術士、研究者、佐々木健として夢を語らせてください。

21世紀の医療を変える

我が国の国民2人に1人はがんになり、3人に1人はがんで死亡する時代。これらの罹患者は予備軍を含め膨大な数にもなります。これらが、光合成細菌が生産してくれる安価なALA（5-アミノレブリン酸）の投与で改善されてゆくなんて、まさに、光合成細菌が21世紀の医療を変えると言えます。

また、初期糖尿病の治療や脂質代謝改善効果は、ダイエットや肥満防止として、世界的に需要が見込まれる領域です。高齢化社会を迎え、この効果はますます注目され、需要も伸びることが期待できるでしょう。

光合成細菌に含まれているカロテノイド系色素、リコペンなども、健康食品としての利用が期待されますし、光合成細菌が生産する多糖類やRNAなどの菌体外高分子物質（EPS）は、免疫増強など医療効果が注目されています。光合成細菌のＥＰＳの研究は始まったばかりで、まだほとんど解明されていません。

不毛の地を農業の適地に

光合成細菌はすでに、多くの農業の分野で広く利用され食糧増産に役立っているとはいえ、今世紀半ばには90億の人口を抱えると予測される地球規模で見ると、それらの人々を養うための食糧の不足は明らかです。一方で、優良な農耕地のこれ以上の拡大は見込めない現実があります。40年間、光合成細菌の研究に没頭してきた私は、光合成細菌にもう一頑張りしてもらいたいと願わずにはいられません。光合成細菌はその可能性を大いに秘めているからです。

根拠は、光合成細菌の菌体はもちろん、6章、7章で紹介した、菌体内で生産するＡＬＡにあります。医療や健康分野でも注目される一方で、耐塩性、耐寒性、耐乾性など、作物が持っている耐ストレス性を強化する力があるからです。作物の耐ストレス性を高めることによって、これまで農業には適していないとされてきた塩分の高い乾燥土壌などの不毛の地を、緑豊かな農業生産地に変えてくれる可能性があるからです。砂漠の緑化にはすでに使われていますが、今後、凍結乾燥した菌体や、何らかの処理を施した変質しない菌体自体が、肥料効果を含む耐ストレス剤として利用される可能性に期待しています。

また、ＡＬＡは日照不足の場合でも十分な生育効果のあることが確認されており、耐乾性と耐塩性、耐ストレス性を加味して、寒冷地での稲作に応用することができます。

さらに、これからの農業は土地を用いない、野菜工場での養液栽培が盛んになってきています。しかし、野菜工場での光合成細菌の役割はあまり研究されていません。野菜工場で光が制限された環境下での野菜の生育には、光合成細菌成分であるカロテノイドやバクテリオクロロフィル、

ＡＬＡの効果がより高められる可能性があります。

また、耐ストレス性も重要です。狭い、限られた工場内で、高密度で安定した生産を行なわせるのに、光合成細菌は今後重要な働きをするかも知れません。

水産部門への利用も、最近クルマエビの養殖で、生育促進、病気予防、高密度生産など、とくに良好な成果が得られています。また、一部、アサリの栽培にも用いられるなど、日本の水産業はこれから、栽培漁業へと大きく変化を遂げることが期待されております。さらに、重金属で汚染されたホタテ貝から、光合成細菌でカドミウムを除去して飼料に再生するプロセスなどは、注目を集めています。

光合成細菌と栽培漁業、これが21世紀のキーワードです。

地球をきれいに使い続ける

１９７０年代に小林達治博士（故人）、北村博博士らによって開発された光合成細菌による排水処理は、なんといっても、排水処理の後に副生する菌体がリサイクル利用できる点は、活性汚泥法に比べはるかに優れた点です。しかも、固定化菌体（３章）の利用は排水処理をよりコンパクトにしました。

我が国ではそれほど重視されていませんが、途上国の農業を支える重要な肥料や飼料に成りうると考えます。しかも、光合成細菌は自然の循環システムのなかにもともと存在するのですから、誰でもどこででも利用することができるのです。

我が国で発明され発展してきた光合成細菌の利用技術を、よりグローバルに活用していくことは今後欠かせないと考えられます。つまり、援助として途上国に化学肥料を送るのではなく、自然循環の一環としての光合成細菌を、多くの国で農業へ利用できるように支援するのです。耐ストレス性を秘めた光合成細菌菌体は、劣悪な自然環境でも働いてくれますし、化学肥料よりはるかに安全有用、地球にやさしいと思われるのです。

その土地に暮らし続けるために

２０１１年の福島原子力発電所の事故による放射能汚染は、世界で初めて原子爆弾が使用された広島に暮らす研究者として胸が痛みました。何とかできないか……そうした想いで挑んだのが、重金属除去や有害金属除去の技術として開発していた光合成細菌を発展させた、放射性核種の除去技術でした。その結果は7章で紹介したように、固定化光合成細菌を利用することでも実用化できました。

汚染土壌での栽培試験は、さらにびっくりする結果をもたらしてくれました。それは、高濃度の汚染土壌であっても、除染後に栽培した野菜には、放射能の移行が極めて少なかったという結果です（7章）。

今後さらに追跡が必要ですが、福島での放射能汚染地帯でも、光合成細菌を用いて自分の土地で農業ができる、作物が得られる、食べる喜びが再び可能となるのです。福島の放射能除去にも役立つばかりでなく、今後、世界中の有害金属に汚染された地域での環境浄化に、大いに利用される可能性が高いものと思われます。

さらに、まだ研究レベルですが、光合成細菌によるレアメタルの濃縮、回収も今後期待できます。レアメタルは、もともと地上に少ない元素ですので、今後ますます重要性が増すことが考えられます。

光合成細菌のＥＰＳで、重金属や放射性核種と同様、レアメタルの回収も可能なはずです。電子部品からのレアメタルの回収は物理化学処理が主流ですが、光合成細菌による回収も、これまでの研究を経て考えると可能です。また、熱水鉱床やハイテク工場周辺のヘドロなどからのレアメタルの回収、バイオリーチングも可能性が十分あります。光合成細菌によるレアメタルの回収はまだまだ研究が行なわれておらず、今後の研究が期待されます。

光合成細菌が地球の未来を変える、世界を変える、これが私の予想であり、願いです。

【資料】 遺伝子（16S リボゾームRNA)による光合成細菌の分類

門	綱	目	科	属（主なもの）
シアノバクテリア		クロオコッカス目	科属の分類は確定していない。よく知られている属のみ記述	*Microcystis*
		プレウロカプサ目		
		ユレモ目		*Spirulina* *Oscillatoria*
		ネンジュモ目		*Anabaena* *Anabaenopsis* *Nostoc*
		グロエオバクター目		
		スティゴネマ目		
ファーミキューテス	クロストリジウム綱	クロストリジウム目	ヘリオバクテリウム	*Heriobacterium* *Heriobacillum*
プロテオバクテリア	アルファプロテオバクテリア綱	ロドスピリルム目	ロドスピリルム	*Rhodospirillum* *Rhodocista* *Rhodopilla*
			アセトバクター	*Acidiphilium*
		ロドバクター目	ロドバクター	*Rhodobacter* *Rhodovulum* *Roseobacter*
		リゾビウム目	ブラディリゾビウム	*Rhodopseudomonas*
			ハイフォミクロビウム	*Rhodomicrobium* *Blastochloris* *Rhodoplanes*
			ロドビウム	*Rhodobium*
		スフィンゴモナス目	スフィンゴモナス	*Erythrobacter*
	ベータプロテオバクテリア綱	バークホルデリア目	コマモナス	*Rhodoferax*
		ロドシクルス目	ロドシクルス	*Rhodocyclus*
				Rubrivivax（?）
	ガンマプロテオバクテリア綱	クロマチウム目	クロマチウム	*Chromatium* *Chlorochromatium*
		エクトチオロドスピラ目	エクトチオロドスピラ	*Ectothiorhodospira*

○その他、クロロビウム門に、クロロビウム目、クロロビウム科, *Chlorobium* など（緑色硫黄細菌）と、クロロフレクサス門に、クロロフレクサス目、クロロフレクサス科, *Chloroflexus* など（滑走性糸状緑色硫黄細菌）が分類されている

○Bergey's Manual of Systematic Bacteriology(2001)の分類に、筆者が種々の情報（インターネット情報を含む）を加味して作成。学術的に完成された分類ではないことに留意

【参考文献】

〈成書〉

小林達治：「光合成細菌で環境保全」、p1-215、農文協（1980）

北村博、森田茂廣、山下仁平編：「光合成細菌」、p1-361、学会出版センター（1984）

農文協編：「農家が教える　光合成細菌」、p1-155、農文協（2012）

佐々木健、矢田美恵子、川口博子：光合成細菌による廃棄物の資源化「廃棄物のバイオコンバーション」、p235-256、地人書館（1996）

Ken Sasaki, Napavarn Noparatnaraporn, Nagai S.: Use of photosynthetic bacteria for recycle use of waste materials,「Bioconversion of waste materials to industrial product」, Martin A.M. eds, p223-262, Elsevier Science Publishers（1991）

日本微生物生態学会：「微生物って何？」、p1-204、（2006）

井上勲：「藻類30億年の自然史」、p6-551、東海大学出版会（2006）

Jun Miyake, Tadashi Matsunaga, Anthony San Pietro:「BIOHYDROGEN II」, p3-273, PERGAMON（2001）

Jun Miyake, Yasuo Igarashi, Matthias Rogner:「BIOHYDROGEN III」, p3-187 Elsevier（2004）

園池公毅：「光合成の本」、p10-152、日刊工業新聞社（2012）

〈論文、研究報告〉

Sasaki K., Ikeda S., Nishizawa Y., Hayashi M.: J. Ferment. Technol., 65, 511-515（1987）

Sasaki K., Tanaka T., Nishizawa Y., Hayashi M.; Apply. Microbiol. Biotechnol., 32, 727-731（1990）

佐々木健、大槻和男、江本美昭、浜岡尊：農業施設、20, 270-277（1990）

佐々木健、田中徹、堀田康司、西尾尚道、永井史郎：生物工学、71, 428-431（1993）

佐々木健、竹野健次、江本美昭：水環境学会誌、71, 709-721（1996）

永富寿、竹野健次、渡辺昌規、佐々木健：水環境学会誌、24, 64-68（2001）

佐々木健：生物工学、79, 434-439（2001）

Sasaki K., Watanabe M., Tanaka T., Tanaka T.: Apply. Microbiol. Biotechnol., 58, 21-29（2002）

佐々木健、渡辺昌規、Noparatnaraporn, N.: 生物工学、80, 234-236（2002）

Sasaki K., Watanabe M., Suda Y., Ishibashi A., Noparatnaraporn N. : J. Bioeci. Bioeng., 100, 481-488（2005）
佐々木健、岸部貴、竹野健次、三上綾香、原田敏彦、大田雅博：生物工学、98, 432-446（2013）
佐々木慧、岡川真和、竹野健次、佐々木健：用水と廃水、56, 458-467（2015）
Sasaki Kei, Nakamura K., Takeno K., Shinkawa H., Das N., Sasaki K. ; J. Agric. Chem. Environ., 4, 63-75（2015）
牧孝昭：生物工学、89, 113-116（2011）
田中徹、岩井一弥、渡辺圭太郎、堀田康司；植物の生長調節、40, 22-29（2005）
堀田康司、渡辺圭太郎：植物の化学調節、34, 85-96（1999）
田中徹、倉持仁志：植物の生長調節、36, 190-197（2001）
石塚昌宏：月刊ファインケミカル、34, 44-52（2005）
Kang Z., Zhang J., Zhou J., Qj Q., Du G., Chen J. : Biotechnol. Adv., 30, 1533-1542（2012）

〈その他、インターネット情報〉

横田明：微生物を知ろう、微生物分類同定講座、http://www.mitsui-norin.co.jp/mmid/knowledge/yokota/index.html（2013）
フリー百科辞典、Wikipedia：紅色細菌、好気性光合成細菌、紅色硫黄細菌、緑色硫黄細菌、緑色非硫黄細菌、ヘリオバクテリア，プロテオバクテリア等の情報（2013）
SBIファーマ株式会社/SBI Pharmaceutic Co., Ltd., ニュースリリース一覧、p1-6,www.sbipharma.co.jp/news/（2015）
SBIアラプロモ株式会社/ALApromo Co., Ltd., 会社案内,www.sbi-alapromo.co.jp/corporate/（2015）

あとがき

「光合成細菌はヒトを含め、動物、植物の祖先になっている細菌です。細胞のミトコンドリアは太古の光合成細菌が進化したものという説が有力なのです」

これは、大学での授業や講演に招かれたときに、光合成細菌は酵母や乳酸菌、納豆菌よりもっと身近なものと伝えたくて、いつも話している言葉です。

この本はまさに、バイオを志向する若い生徒、学生、農業・水産業従事者、研究者、技術者に、もっと光合成細菌を身近に感じてもらおう、もっと知ってもらおうと、40年かけた光合成細菌の研究と実践の成果をまとめたものです。

実は、この本は2年前に脱稿していました。2年前、農文協から私に、「誰でもわかる光合成細菌の本、基礎から応用までしっかりとした学術ベースに基づいた本」ができないかと提案を受けました。私はその話に、まさに「渡りに船！」と飛びつきました。というのは、私自身が、我が国の光合成細菌研究に危機感を抱いていたからです。

光合成細菌の応用技術は、１９７０年代に小林達治博士、北村博博士らにより、「有機性廃棄物（排液）の処理と再資源化」というテーマで、廃棄物処理で副生した光合成細菌の菌体を農業や水産、動物飼料に利用するという、先駆的、独創的発想で実用化されました。以来、光合成細菌によるコエンザイムや5ーアミノレブリン酸生産など、医学面での応用も含め、世界の最先端を走っている、いわば「お家芸」のバイオ技術なのに、ここ十数年、学会での光合成細菌関連の研究発表も少なく、光合成細菌を研究する学生、研究者、技術者が減少し、研究も頭打ちになっている傾向をひしひしと感じていました。若い人たちがもっと光合成細菌への関心を高め、若い人たちの手で、この素晴らしい生き物をもっと活用できるバイオ技術を生み出してほしいと、勇んで原稿を執筆し、年末には脱稿したのでした。

しかし私自身が大学業務に忙しくなってなかなか修正ができず、農文協にはずいぶん迷惑をかけることになりました。本年度、大学業務から離れたので、改めて全体を見直し、修正を進めることができました。幸い私の研究室でも、後継者が光合成細菌の応用研究を継続することになり、改めてここ数年のタイ、中国、諸外国での光合成細菌の研究開発の動向を調べ直し、さらに、光合成細菌をより簡単に取り扱えるように、基本的かつ科学的でしかも簡単な培養手法や、菌の分離、固定化などの身近にできる実験部門も、写真や内容を加筆充実させ、修正しました。

本書により、読者のみなさんが、より身近に光合成細菌を取り扱えるようになり、とくに、農業や水産、環境浄化にどんどん応用していただいて、さらなる独創的な応用へと進化していければと思います。

農文協の西森信博氏には、文章の基本から構成まで、ずいぶんと粘り強く助言いただきました。その助言なしでは本書はできませんでした。また、氏の光合成細菌へのご理解と思いが、私のこの本に対する思いと共有でき充実した執筆となりえました。改めて心より深謝いたします。

著者　佐々木　健

著者略歴

佐々木　健（ささき　けん）　　1章、4章、5章、6章、終章担当

1949年　広島県に生まれる
1972年　広島大学工学部　発酵工学科卒業
1972～1975年　辰馬本家酒造（株）研究室勤務
1980年　広島大学大学院工学研究科博士課程単位修得後退学、工学博士
1990年　技術士取得（生物工学部門）（総合技術監理部門，2002年）
1992年　広島電機大学（現広島国際学院大学）教授
2014年　広島国際学院大学学長
2015年　広島国際学院大学教授

〈著書〉

『物質科学―ものをつくる化学―』『化学実験入門』（以上、学術図書出版社）、『光合成細菌』（分担、学会出版センター）、『嫌気性微生物』（分担、養賢堂）、『名水紀行―山頭火と旅するおいしい水物語―』（春陽堂）、『バイオの扉』（分担、裳華房）、その他多数、論文　約200編

佐々木　慧（ささき　けい）　　2章、3章、7章担当

1984年　広島県に生まれる
2009年　鹿児島大学水産学部水産学科卒業（その間2006－2007年オーストラリアパース語学留学（1年間））
2014年　広島大学大学院生物圏科学科博士課程、前期後期課程修了、博士（農学）
2014年　文部科学省「国家課題対応型研究開発推進事業、原子力基礎基盤戦略研究イニシアチブ」学術研究員
2015年　広島国際学院大学工学部食農バイオ・リサイクル学科　常勤講師

〈論文〉

酒類総合研究所で日本酒醸造に関する研究で、論文3編。光合成細菌および福島放射能除染、農業復興に関する研究で、論文9編

光合成細菌　採る・増やす・とことん使う
農業、医療、健康から除染まで

2015年 12月20日　第1刷発行
2023年 8月 5日　第5刷発行

著者　佐々木　健
　　　佐々木　慧

発行所　一般社団法人　農山漁村文化協会
〒335-0022　埼玉県戸田市上戸田2-2-2
電話　048(233)9351(代表)　048(233)9355(編集)
FAX　048(299)2812　振替　00120-3-144478
URL　https://www.ruralnet.or.jp/

ISBN978-4-540-13150-9　DTP製作／㈱農文協プロダクション
〈検印廃止〉　印刷／㈱新協

製本／根本製本㈱
Printed in Japan　定価はカバーに表示
乱丁・落丁本はお取り替えいたします。

農文協の農業書

農家が教える　光合成細菌　とことん活用読本
農文協編
１５００円＋税

光合成細菌が放射能除染にも役立つことが明らかになって、これまでの水質浄化の分野から一気に表舞台に飛び出した。本書は、買えば大変高価な光合成細菌を、自分で採取して培養し、徹底的に使いこなす技を大公開！

農家が教える　微生物パワー　とことん活用読本
防除、植物活力剤から土つくりまで
農文協編
１７００円＋税

納豆やヨーグルトなどの食品に含まれる微生物、自然の中にいる微生物の発酵力を、病害虫防除や活力剤、肥料として使う農家の知恵、拮抗微生物の安定化技術や菌根菌、さらには市販の微生物資材の実力など満載。

DVDブック　えひめAIの作り方使い方
納豆菌・乳酸菌・酵母菌の手づくりパワー菌液
農文協編
２５００円＋税

納豆・ヨーグルト・イースト・砂糖で誰でも簡単に手作りできる発酵液。田畑では病害虫が減って野菜がおいしくなる、台所やトイレのニオイが消える、川がきれいになる、など効果はさまざま。DVDでは24時間製造法も。

新版　図解　土壌の基礎知識
藤原俊六郎著
１８００円＋税

土壌肥料についてわかりやすく図解した12万部の超ロングセラーを、新しい視点を付け加えて全面改訂した最新版。津波害、放射能汚染問題についても記述。基本的なことがよくわかるとともに、現場指導者にも役立つ。

生きている土壌（新装版）
腐植と熟土の生成と働き
エアハルト・ヘニッヒ著／中村英司・訳
２５００円＋税

土壌の耕作最適状態である「熟土」はどのように用意されるのか？　その鍵を握る腐植や腐植粘土複合体の生成を、新鮮有機物や堆肥、微生物や植物の根、ミミズの働きと結びつけ、生きている土壌個体の活動として描く。

（価格は改定になることがあります）

農文協の農業書

光合成細菌で環境保全
小林達治著
1762円+税

悪臭防止、水質浄化、有機廃棄物の再資源化、水田の有害物質の除去と肥沃化、その菌体による野菜や果物の高品質化など、今各方面から注目され、微生物資材にも利用されている光合成細菌の生態と利用を一冊に。

根の活力と根圏微生物
小林達治著
1524円+税

根の分秘物をエサにして繁殖する根圏微生物は根の養分吸収や活力を高める。根圏微生物の世界という先端科学から土壌管理のあり方を示す。土壌病害虫や連作障害対策、有機物利用の方法を新しい角度から提起する。

有効微生物をふやす　オーレス農法
牧孝昭著
1457円+税

土壌中の微生物同士の拮抗作用に着目し、有用菌を接種してその増殖をはかり、病原菌を抑えるのがオーレス資材。根圏微生物相の改善をベースに、堆肥つくりから葉面散布までに応用。

菌根菌の働きと使い方
パートナー細菌と共に減肥・病害虫抑制
石井孝昭著
1700円+税

菌根菌は、枯渇する資源、とりわけリン酸不足を補う微生物として脚光を浴びがちだが、実は、パートナー細菌、さらにはパートナー植物との「共生」によって、持続的農業農業の未来を拓く!

エンドファイトの働きと使い方
作物を守る共生微生物
成澤才彦著
1600円+税

作物を病害虫から守り健康にすると、無農薬や自然農法で注目の共生微生物。生態から働き、分離・採取方法、増殖、使い方、利用の可能性を、第一人者がわかりやすく紹介。酸性土壌での栽培、環境浄化への利用も可能。

農文協の農業書

絵本　自然の中の人間シリーズ　微生物と人間編　全10巻
西尾道徳・他著
20000円＋税

地球をつくったのも土をつくり森をつくったのも、チーズやみそをつくるのも微生物。からだの中の腸内細菌は健康を守っている。微生物の世界から、生活と産業、地球環境の今と未来を考え提案するビジュアルサイエンス。【巻構成】微生物が地球をつくった／微生物が森を育てる／からだのなかの微生物／食べものをつくる／食べものを守る／微生物は安全な工場／未来に広がる微生物／畑をつくる微生物／水田をつくる微生物／地球環境守る微生物（各巻2000円＋税）

DVD　土つくり・肥料の基礎と基本技術　全4巻セット
農文協編
40000円＋税

静止画＋動画＋わかりやすいナレーションで、土つくりと施肥の基礎と実際、土壌診断の生かし方をわかりやすく解説した映像事典。有機物利用、耕し方の工夫から手づくり肥料まで、「先輩のアドバイス」も心強い。

地力アップ大事典
有機物資源の活用で土づくり
農文協編
22000円＋税

環境に配慮し高品質を実現する肥料・土つくり資材選びのバイブル。緩効性肥料、有機JASで使える資材ほか民間資材、自家製肥料、用土まで。解説も製法・性質↓肥効特性↓土壌への影響↓使い方と、科学的かつ実用的。

最新　農業技術事典（NAROPEDIA）
農研機構著
36190円＋税

農業生産技術を中心に、経営、流通、政策・制度から食品・食料、資源・環境問題まで網羅し解説。カラー写真2100枚、豊富な図表、5つの索引（総合、英和、和英、略語、図版【写真・図表】）が理解を助ける。

（価格は改定になることがあります）